“十三五”江苏省高等学校重点教材（2019-2-013）

工业设计专业规划教材

产品设计入门

姜　霖　著

電子工業出版社

Publishing House of Electronics Industry

北京·BEIJING

内 容 简 介

《产品设计入门》是一部比较系统地介绍工业设计相关入门知识的论著。本书从设计要素、设计流程、评价体系、设计历史传承、经典案例等角度解读工业设计，是工业设计领域的入门学习资料，在工业设计教育方面具有重要的实践意义。

本书第1~5章系统介绍设计的基本理论与要素，通过对设计的概念、形态、色彩、材质、评价标准等理论的阐述，帮助读者了解产品设计的基本理论；第6~9章通过整理国内外工业设计的发展历程，解读不同时代背景下的设计风格，有助于设计从业者更深入地理解历史、文化与设计的关系；第10章通过介绍当代优秀的产品设计案例，帮助读者了解优秀产品设计背后的故事，对于仍处于发展阶段的中国工业设计有重要的指导意义。

本书适合各大专院校设计专业师生、企业管理者、设计人员、销售人员和广大设计爱好者阅读使用。

图书在版编目（CIP）数据

产品设计入门 / 姜霖著. — 北京：电子工业出版社, 2020.1
ISBN 978-7-121-36321-4

Ⅰ. ①产… Ⅱ. ①姜… Ⅲ. ①工业产品－产品设计－高等学校－教材 Ⅳ. ①TB472

中国版本图书馆CIP数据核字(2020)第004271号

策划编辑：赵玉山
责任编辑：刘真平
印　　刷：中国电影出版社印刷厂
装　　订：中国电影出版社印刷厂
出版发行：电子工业出版社
北京市海淀区万寿路173信箱　　邮编：100036
开　　本：787×1092　1/16　印张：13.25　字数：339.2千字
版　　次：2020年1月第1版
印　　次：2020年1月第1次印刷
定　　价：79.00 元

凡所购买电子工业出版社图书有缺损问题，请向购买书店调换。若书店售缺，请与本社发行部联系，联系及邮购电话：（010）88254888，88258888。

质量投诉请发邮件至 zlts@phei.com.cn，盗版侵权举报请发邮件至dbqq@phei.com.cn。

本书咨询联系方式：（010）88254556，zhaoys@phei.com.cn。

前　言

数年前，某大型企业联系我，希望我能够为其企业内部开发一套产品设计知识库，对企业内部的管理人员、技术人员、销售人员等进行培训，以便帮助企业系统地导入现代设计理念。在开发过程中，我发现已有的工业设计书籍总体太难，缺乏趣味性，不适合入门学习，面向初学者的教材相对缺乏。这使得初学工业设计专业的读者无法全面、系统、有效地掌握产品设计入门所需的知识。《产品设计入门》就是为了弥补这一缺憾而撰写的。

自第二次工业革命以来，批量化生产所形成的市场竞争，促使工业设计迅速兴起，经过多年发展，工业设计已经延伸到包含产品设计、建筑设计、视觉设计、交互设计等在内的多个领域，超出了早期单纯的工业领域，对社会、生活、行为、经济、艺术等方面都产生了重大影响。此前学术界虽然已有学者从各个方面对工业设计展开研究，但对于入门知识的系统阐述都难以令人满意。因此，系统地梳理工业设计发展的历史过程，分析其基本组成要素，概括其完整的产品设计流程，归纳其多元的发展趋势，无疑会以更完整的形式将工业设计推向大众。

本书既可以使读者更全面、完整地理解和掌握产品设计入门的知识，弥补此前书籍中的薄弱和空白之处，又由于其图文并茂、实际案例丰富，能够更有效地引起入门读者的兴趣，增强读者对产品设计入门知识、基本理论、设计程序、设计方法和具体案例的理解，提高学习的有效性。

目 录

第1章 设计概论

1.1 工业设计的概念

设计是指综合社会的、人文的、经济的、技术的、艺术的、生理的及心理的等各种因素，纳入工业化批量生产的轨道，对产品进行规划的技术。或者说设计是为某种目的、功能，汇集各部分要素，并做整体效果考虑的一种创造性行为。在解决实际问题时，设计会在感性与理性、具象与抽象、艺术与技术、形式与功能之间寻求平衡，使科学与艺术有机地结合起来，创造设计文化与价值。

1980年，国际工业设计协会联合会（International Council of Societies of Industrial Design，ICSID）公布了最新修订的工业设计定义：就批量生产的工业产品而言，凭借训练、技术知识、经验、视觉及心理感受，赋予产品材料、结构、构造、形态、色彩、表面加工、装饰以新的品质和规格，叫作工业设计。

工业设计从狭义上讲是对所有工业产品进行的设计，即产品设计。产品设计的关注领域较为广泛，是将科学技术创造的成果转化为生活、生产中所需物品的过程，目的是通过物品的创造来达到人与物、人与人、人与社会的协调。在具体的产品设计实践中，由于关注领域不同，产品设计涉及以下类别：家用电器产品设计、3C产品设计、交通工具设计、家具设计、工业设备类产品设计、运动休闲类产品设计等。

图1-1-1所示为博朗公司Dieter Rams设计的家电产品，是工业设计领域的优秀作品。图1-1-2所示为工业设计领域的主要产品类别：家用电器、3C产品设计、交通工具设计、家具设计、工业设备类产品设计、运动休闲类等。

图 1-1-1　博朗公司 Dieter Rams 设计的家电产品

图 1-1-2　工业设计领域的主要产品类别

1.2 工业设计的作用与意义

工业设计是一种创造性活动，它为物品、过程、服务及它们在整个生命周期中构成的系统建立起多方面的品质。工业设计致力于发现和评估下列项目在结构、组织、功能、表现和经济上的关系：增强全球可持续发展和环境保护（全球道德规范）；给全人类、个人和集体带来利益和自由；兼顾最终用户、制造者和市场经营（社会道德规范）；在世界全球化的背景下支持文化的多样性（文化道德规范）；赋予产品、服务和系统以表现性的形式并与它们的内涵相协调（美学）。

工业设计的意义主要体现在以下三个方面。

（1）人的方面：工业设计用人机工程学指导产品设计，使产品符合人的生理特点和心理习惯；用美学观点创造产品形态，使产品给使用者带来美的享受；也可以让使用者的生活更加便利，情感更加愉悦。

图 1-2-1 所示为对人机工程学进行考量的跑步机和符合人们阅读心理习惯的阅读器——Kindle Paperwhite 电子书阅读器。Kindle Paperwhite 电子书阅读器的初衷只有一个——让用户体验最纯粹的阅读。电子墨水（E-ink）显示屏可还原纸书般的阅读体验；独有的内置阅读灯可均匀照亮整个屏幕，无论用户身处何种光线环境，都能享受到完美的阅读体验。

图 1-2-1　跑步机和阅读器

（2）市场方面：工业设计对产品的功能性、创新性和审美性的关注提高了产品的吸引力，增强了产品竞争力并增加了产品的附加价值；工业设计根据市场要求对产品功能进行合理组合，运用系统化观点进行设计，优化了产品生产过程，并从营销角度为企业提供相应的建议，能够为企业争取市场上的优势地位。

图 1-2-2 所示为 1979 年日本索尼公司创造的世界上第一台便携式音乐播放器——Walkman，从此标志着便携式音乐理念的诞生。1980 年 11 月，索尼公司开始在全球统一使用 Walkman 作为品牌名称。产品一经推出，便在全球范围内迅速走红。1992 年，索尼公司

推出了MD Walkman，它是由Mini Disc（迷你磁光盘）为音乐存储介质的音乐播放机，是集光、磁、机、电等技术于一身，技术含量较高的设备。

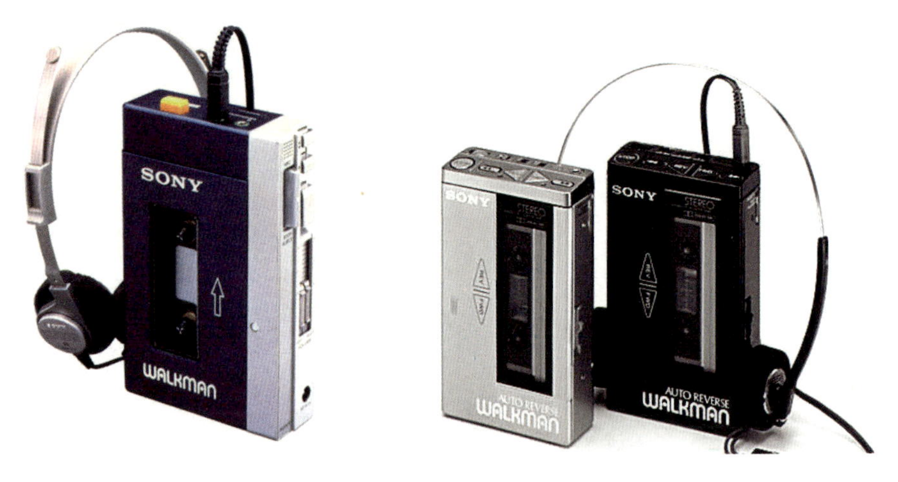

图 1-2-2　索尼公司设计的 Walkman

（3）环境方面：工业设计能在产品开发初期，以绿色设计和可持续发展等设计理论作为指导，通过对产品材料的选择、使用方式的优化，引导人们养成有利于环境的消费习惯和生活方式，使“人—产品—环境”三者之间的关系更加和谐。

图 1-2-3 所示为 1994 年斯塔克为沙巴公司设计的可回收的高密度纤维外壳电视机，该产品很好地运用了可回收材料，是环保设计的优秀范例。

图 1-2-3　可回收的高密度纤维外壳电视机

1.3 工业产品的基本要素

产品的功能、造型和物质技术条件是工业产品的三个基本要素。

功能是指工业产品所具有的基本功能，是产品所具有的某种特定功效和性能。一般而言，产品的基本功能就是指产品的用途，它在很大程度上对产品的结构和造型起着决定性的作用。功能是设计对象最本质的东西，也是设计者和用户最终追求的目标。任何设计对象（产品），一般都是由许多构成要素组成的。这些构成要素在所设计对象的体系中相互作用，从而完成一定的功能。例如，手表的基本功能是显示时间，而防水、防震、防磁则是手表的辅助功能。

对于热水瓶而言，其基本功能是保温，日常使用热水瓶，是把开水灌入其中，其准确的称谓应该是“保温瓶”。当增加加热的功能，能把冷水烧开时，才是真正意义上的“热水瓶”。如果再增加过滤、消毒、软化水质等功能，则成为一种新型的饮水器（见图 1-3-1）。左图为丹麦的设计品牌 Stelton 推出的产品，它以简洁并实用的特点产生了广泛的市场影响，将不锈钢的冷酷和纤维的细腻融为一体，形成独特、沉稳、冷静的风格。

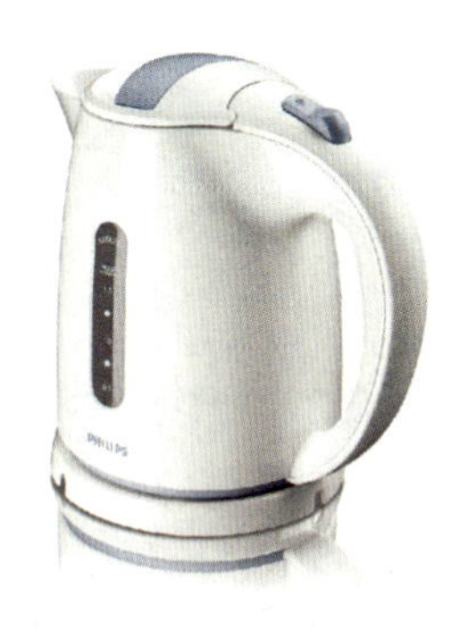
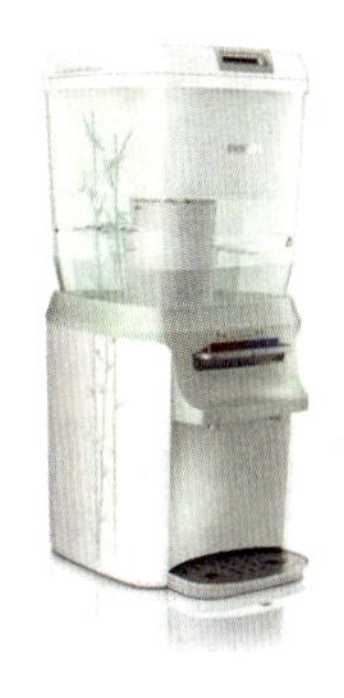

图 1-3-1　保温瓶、热水瓶和饮水器

造型是指产品的实体形态，是功能的表现形式。产品的造型设计，必须在保证能够实现功能要求的前提下，应用设计美学原则，并结合人机工学的理论、数据和宜人性等要求，合理和恰当地美化产品，创造出使用过程中满足整体知觉的产品。造型设计能够增强企业产品的市场竞争力，提升产品的品牌形象，满足人们的知觉愉悦性，也是体现产品精神功能的重要因素。

图 1-3-2 所示为法国宇航和英国飞机公司联合研制的中程超音速客机——协和飞机，其头部设计成向下倾斜一定角度的特别造型，使之既能在飞行时保持飞机的流线外形降低阻力，又可以于滑行、起飞和着陆时改善飞行员的视野。为了减小飞行阻力，协和飞机的机头较其他民航机更长，并呈针状。三角翼飞机起飞和着陆时的迎角较大，又长又尖的机鼻会影响飞行员对跑道、滑行道的视野，因此协和飞机的机头设计成可以改变角度的形式，以迎合各种操作的需要。

图 1-3-2　协和飞机

产品的物质技术条件是指实现产品功能和确立产品造型的材料及在产品加工过程中涉及的各种技术、工艺和设备的统称。材料的选用直接影响造型的效果，不同的材料也对应不同的加工技术。而选用什么样的技术，又受设备等的限制，也影响造型的工艺和效果。

法拉利汽车的每一条车身线条与每一处细节都凝聚着工程师的心血，将空气动力学的先进技术在赛道上完美地上演。法拉利硬顶敞篷跑车 458 Spider（见图 1-3-3）延续了法拉利经典车型 F40 造型的精髓，仅在车身腰线中后部有些许的差别，堪称融合美学和空气动力学的杰作。458 Spider 采用 235/35 R20 的“大脚”，配合由高强度碳纤维嵌入陶瓷材料的大尺寸穿孔通风陶瓷刹车盘，极具视觉冲击力。这套制动系统可以有效地提升制动力，并且降低热衰减概率。

图 1-3-3　法拉利硬顶敞篷跑车 458 Spider

产品的功能、造型与物质技术条件的辩证关系是相互依存、相互制约而又不完全对应地统一于产品中的。功能是产品的决定性因素，功能决定着产品的造型，但不是决定造型的唯一因素，它们不是一一对应关系。造型有一套独特的方法和手段，同一产品功能往往可以采取多种造型形态表现。物质技术条件是实现功能与造型的根本条件，是构成产品功能与造型的中介因素，具有相对的不确定性，相同或类似的功能与造型可以选择不同的材料与相应的加工工艺。

图 1-3-4 所示为苹果笔记本电脑，它将工业产品的功能、造型、物质技术条件三个基本

要素很好地结合于一身。

图 1-3-4　苹果笔记本电脑

1.4 工业产品的设计流程

一般企业新产品的设计开发流程如图 1-4-1 所示，新产品的设计开发过程如表 1-4-1 所示。

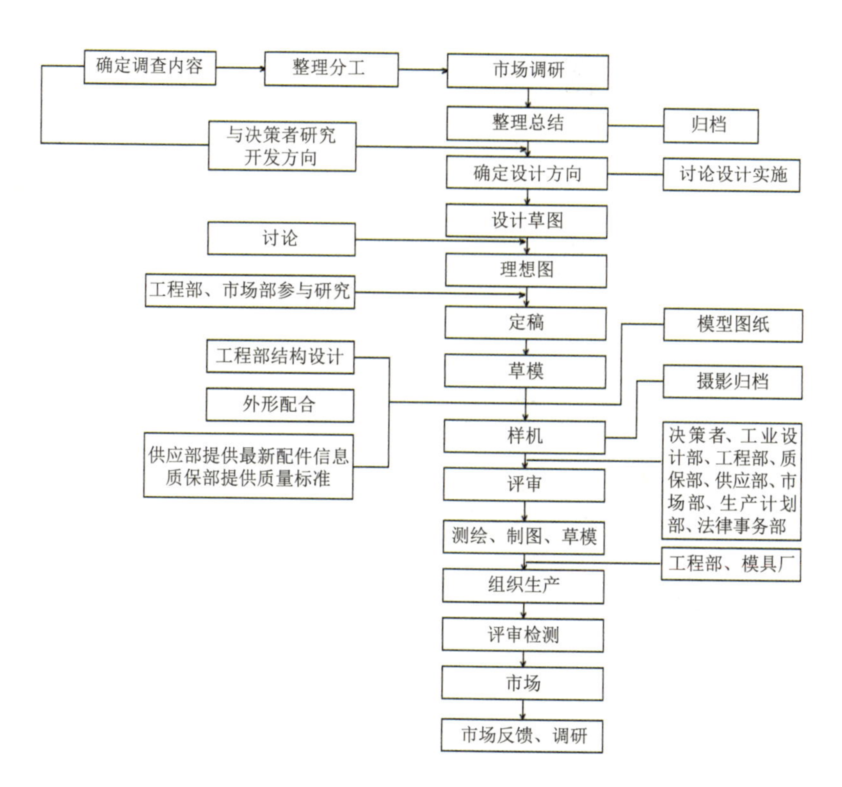

图 1-4-1　新产品的设计开发流程

表 1-4-1　新产品的设计开发过程

设计步骤	例图	设计步骤说明
1. 产品功能原型		明确设计内容：由市场人员及设计人员与使用者沟通，了解设计的内容及工业设计所应实现的目标
2. 确定产品主要内部模块		根据原始产品或产品功能模型，分析产品的功能实现原理、结构的变化幅度，确定产品的限制条件和设计重点
3. 竞争对手产品市场调研	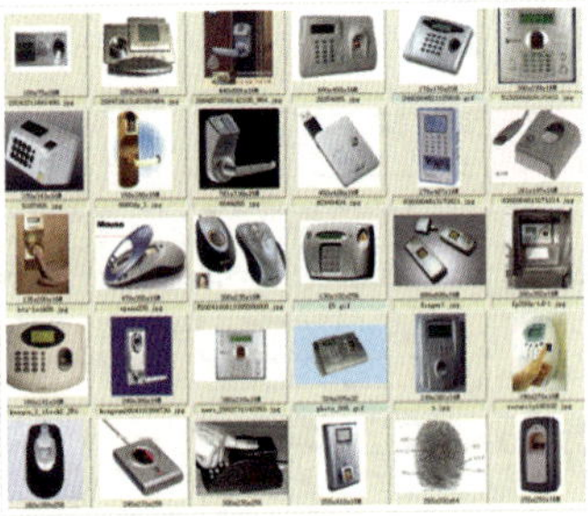	设计调研是设计师设计展开中的必备步骤，此过程使工业设计师了解产品的销售状况、所处生命周期的阶段、产品的竞争者状况，以及使用者和销售商对产品的意见。这些都是设计定位和设计创造的依据。对于像指纹锁这类产品，设计难度主要集中于外观的悦目性和形态定位的准确性，以及如何缩短设计周期来抓住变幻莫测的大众消费市场上
4. 确定产品粗略结构排布	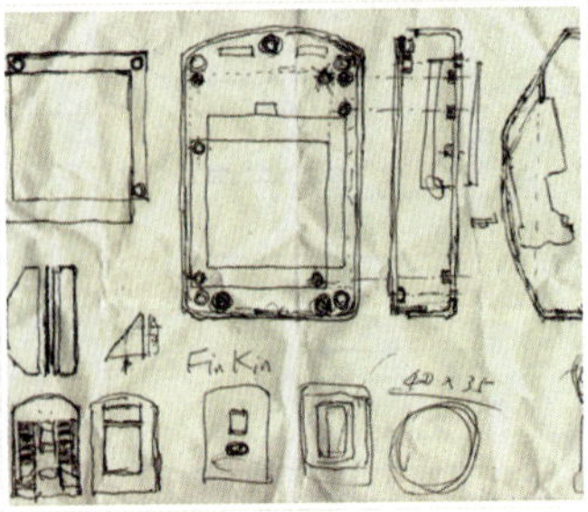	在对产品的概念进行定位后，确定产品的粗略结构排布，分析技术的可行性、成本预算和商业运作的可行性

设 计 步 骤	例　　图	设计步骤说明
5. 构思产品草图		构思草图阶段的工作将决定产品设计70% 的成本和产品设计的效果。所以这一阶段是整个产品设计最为重要的阶段。通过思考形成创意，并加以快速记录，这一设计初期阶段的想法常表现为一种即时闪现的灵感，缺少精确尺寸信息和几何信息。基于设计人员的构思，通过草图勾画方式记录，绘制各种形态或标注记录下设计信息，确定 3~4 个方向，再由设计师进行深入设计
6. 完成产品平面效果图		2D 效果图将草图中模糊的设计结果确定化、精确化。这个过程可以通过 CAD 软件来完成。通过这个环节生成精确的产品外观平面设计图，可以清晰地向客户展示产品的尺寸和大致的体量感，表达产品的材质和光影关系，是设计草图后的更加直观和完善的表达
7. 产品 3D 设计图		三维建模即是用 3D 语言来描述产品形态和结构的过程，其最大的优点是设计的直观性和真实性，在三维的空间内多角度地观察调整产品的形态，可以省去原来的部分样机试制过程，可以更为精确直观地构思产品的结构，从而更具体地表达产品构思，提高产品设计质量 。3D 设计图有精确的形态比例关系和精致的细节设计，可以直观地用于沟通交流
8. 多角度效果图		多角度效果图给人提供更为直观的方式从多个视觉角度去感受产品的空间体量。据此全面地评估产品设计，减少设计的不确定性

续表

设 计 步 骤	例　　图	设计步骤说明
9. 产品色彩设计		进行色彩及材质搭配的设计，确定产品最终的上市色彩
10. 产品表面标志设计	 FINKIN FINKIN	产品表面标志的设计和排放将成为面板的亮点，给人带来全新的视觉体验。VI 在产品上的导入使产品风格更加统一，简洁明晰的 Logo 能够提供亲切直观的识别感受，同时也成为精致的细节
11. 产品结构设计草图	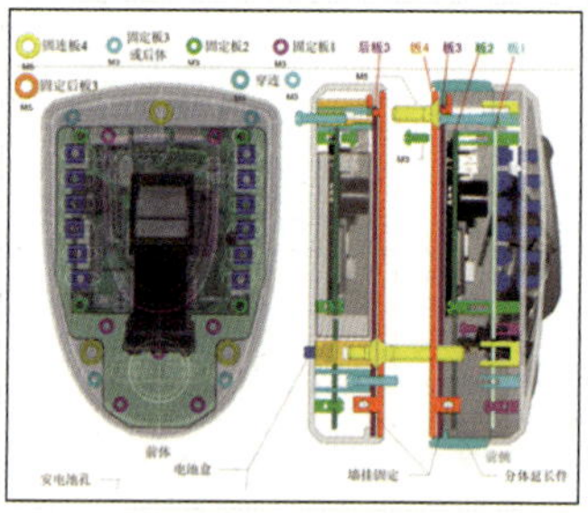	设计产品的内部结构、产品的安装结构及装配关系，评估产品结构的合理性
12. 完成 1:1 产品线框结构图	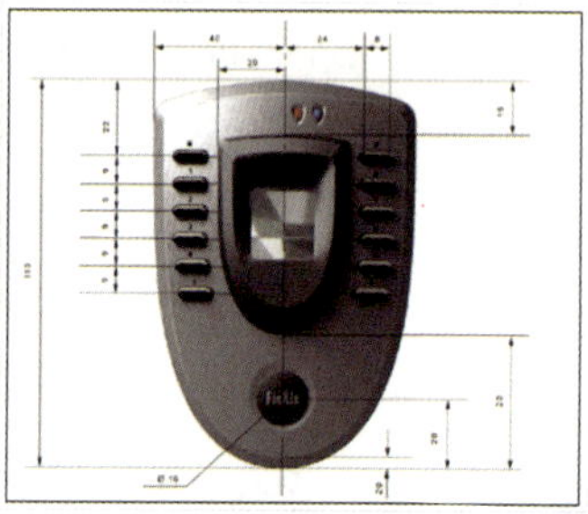	按设计尺寸，精确地完成产品的各个零件的电子文件和零件之间的装配关系
13. 产品结构爆炸图		分析零件之间的装配关系是否合理，是否存在干涉现象，分析各个部件的载荷强度

设计步骤	例图	设计步骤说明
14. 修改结构图	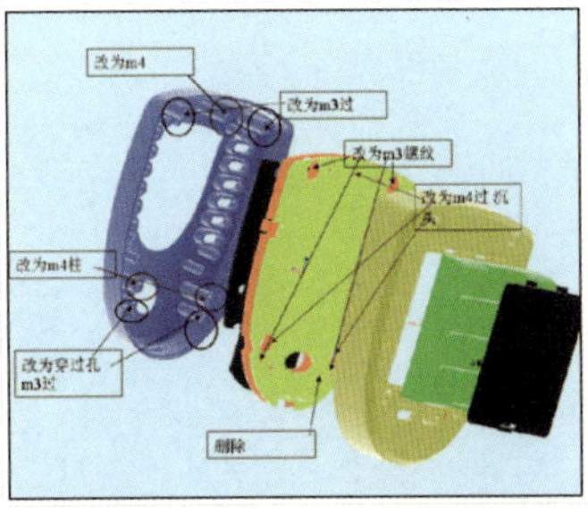	对结构设计中的问题进行修改和调整，确定最终的结构文件
15. 模型样机制作		通过 CNC（数控加工中心）或 RP（激光快速成型）完成模型样机制作
16. 样机调试		将全部电路和各个零件装入样机，检验结构设计的合理性，体验设计产品的使用感受，对出现的问题进行最后的调整，降低模具开发的风险
17. 产品调试	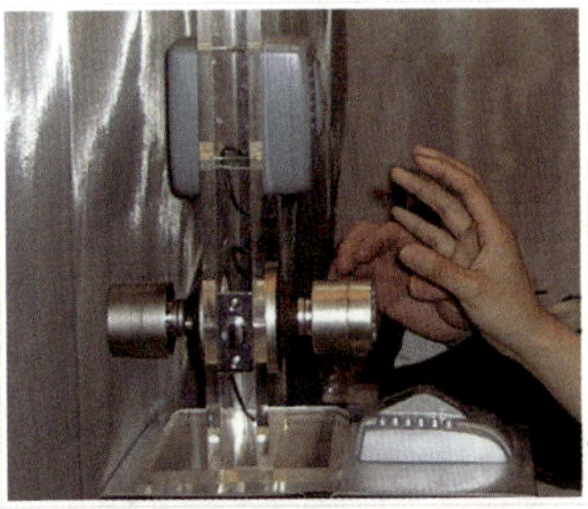	测试样机工作的可靠性，参加展览会，及时了解销售商的要求和意见，确定产品的上市计划
18. 完成产品		完成产品设计，投入模具开发和大批量生产

第2章 形态

2.1 形态构成要素

我们日常生活中所接触的物体都是有一定形状的（见图 2-1-1~ 图 2-1-3）。形态构成在建筑设计、工艺美术设计、工业设计等许多方面扮演着重要角色，由于运用范围的不同，形态构成研究的侧重点也有所不同。

图 2-1-1　电器

图 2-1-2　汽车

图 2-1-3　雷达

1. 点

（1）点的概念

点表示位置，它既无长度也无宽度，是最小的单位。在平面构成中，点只是一个相对的概念，它在对比中存在，通过比较而呈现。几何学中的点只有位置而无面积和外形，平面构成元素中的点既有位置也具有面的属性和外形的轮廓（见图 2-1-4）。

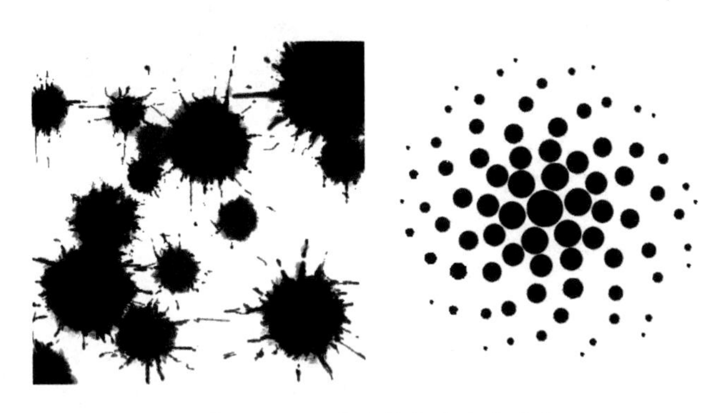

图 2-1-4　平面构成元素中的点

（2）点的形态

现实中的点是各种各样的。要将一个点表示出来就一定会有形状、大小等外形特征，有圆点、椭圆点、方点、长方点、三角点、锯齿点、梯形点等，如图 2-1-5 所示。

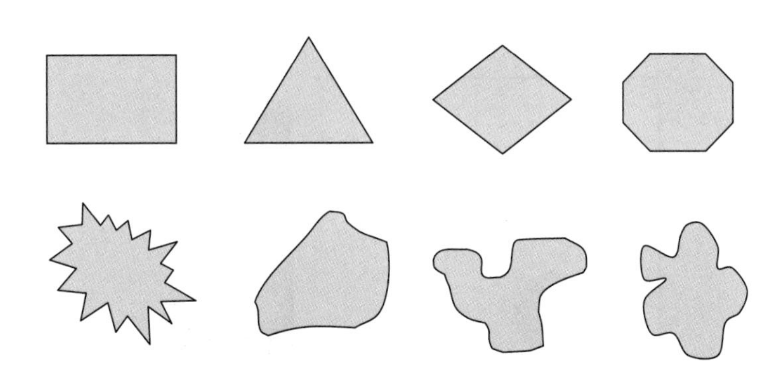

图 2-1-5　点的各种外形特征

点还有集中视线、引起注意的功能，在造型活动中，常被用来强调和表现节奏。点是设计中最活跃的元素，也是最小、最基本的单位，常常用在各类产品中。点在画面中的空间位置变化也会给人不同的心理感受。处于画面中心的点具有稳定与平和感，容易被注目，起强调作用；处于画面中间偏下方的点，有下落感；处于画面的底边中间的点，有上升感；处于画面边缘的点，有逃逸的倾向，容易被忽略；多个点容易分散视线，使画面效果不集中；大小不同的点自由放置，也能产生远近的空间效果；由大到小排列的点能产生由强到弱的运动感，同时也会产生空间的深远感，能加强空间变化；多个点的近距离设置也会有线的感觉；多点的不同安置会相应地使人产生三角形、四边形、五边形的感觉，具体见图 2-1-6~图 2-1-14。

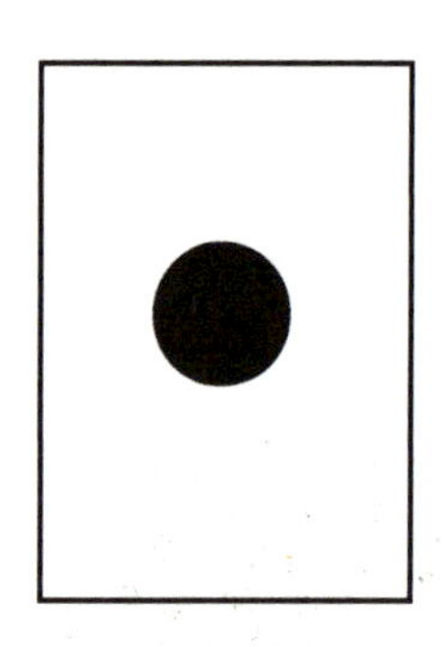

图 2-1-6　处于画面中心的点

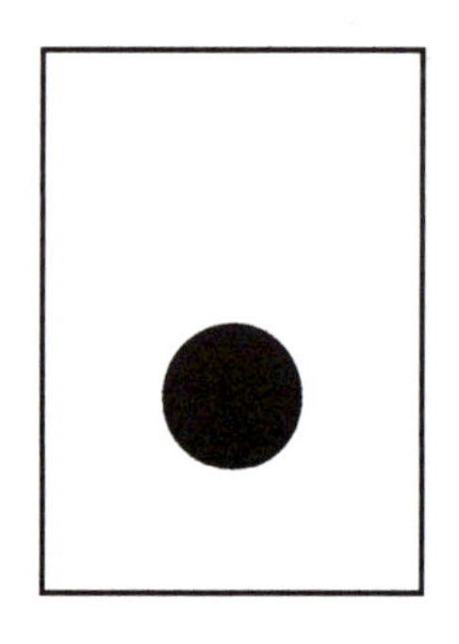

图 2-1-7　处于画面中间偏下方的点

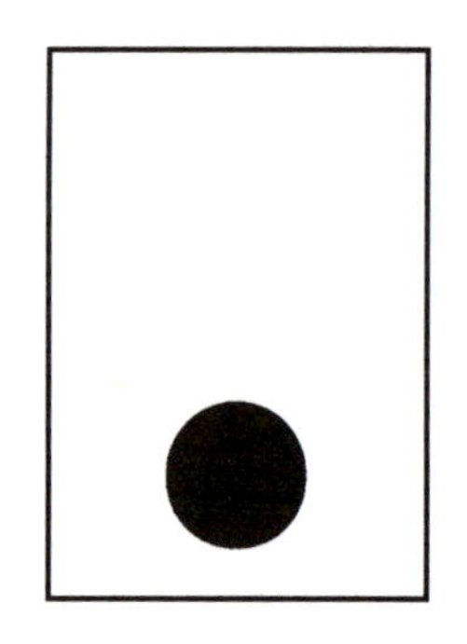

图 2-1-8　处于画面的底边中间的点

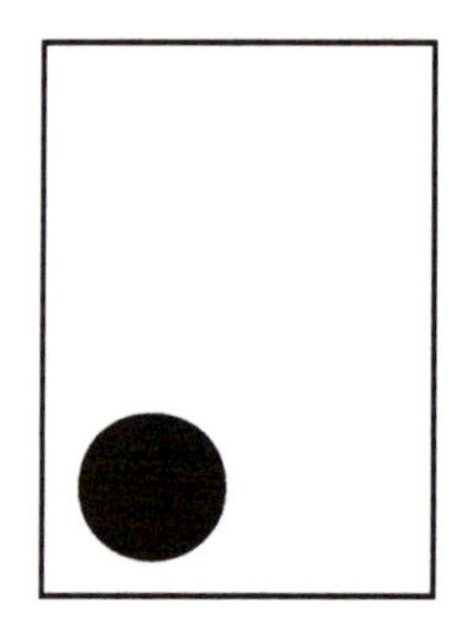
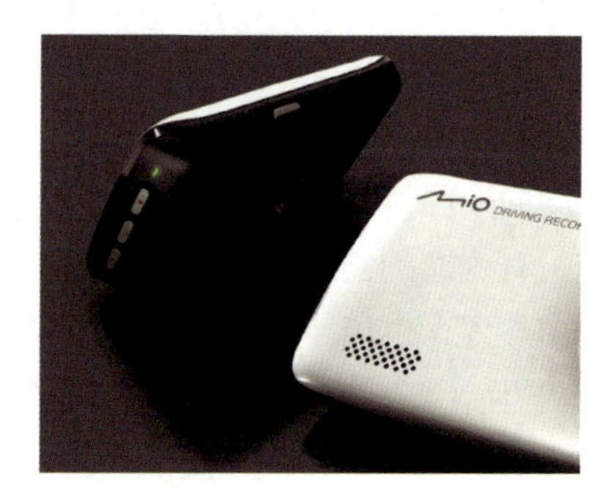

图 2-1-9　处于画面边缘的点

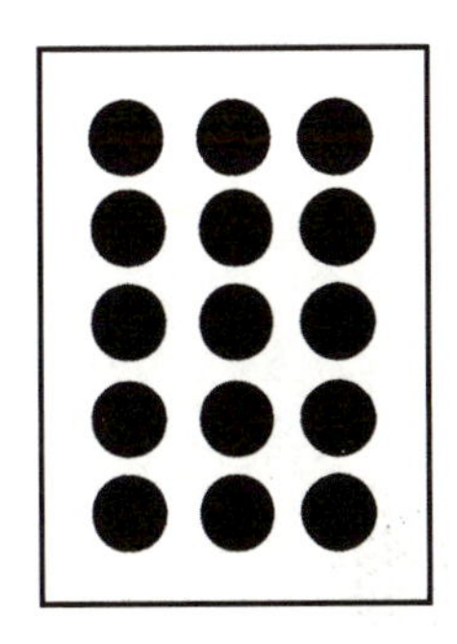

图 2-1-10　多个点的分布与画面

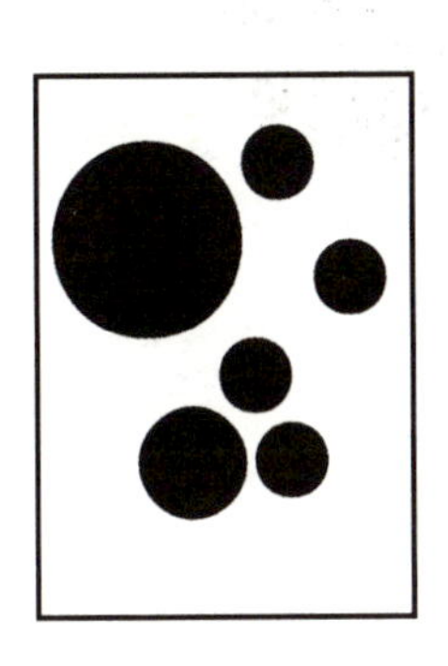

图 2-1-11　大小不同的点自由放置

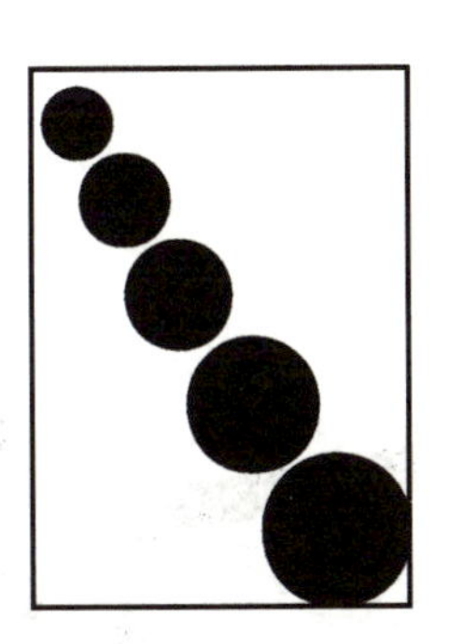

图 2-1-12　由大到小排列的点

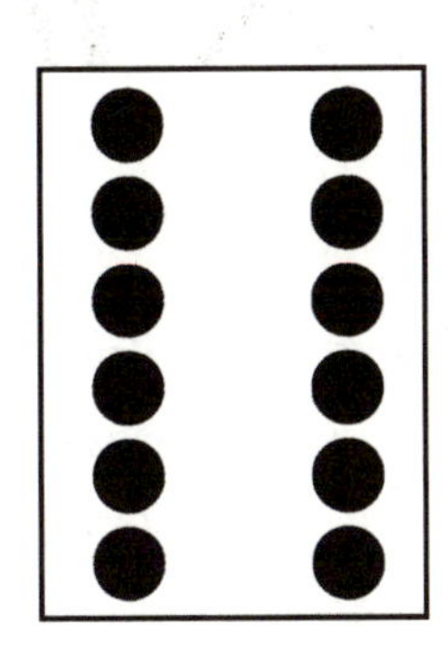
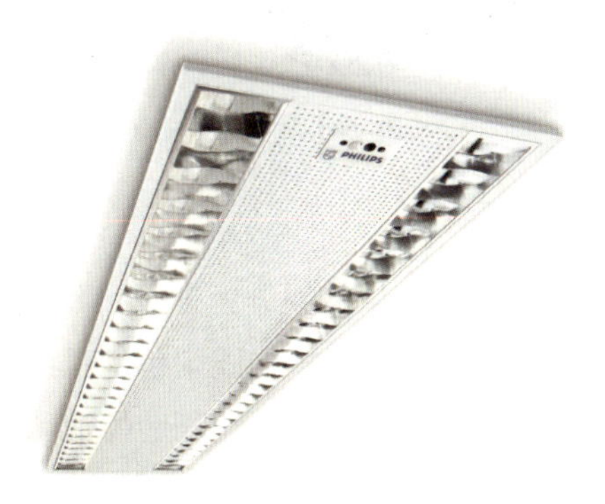

图 2-1-13　多个点的近距离设置

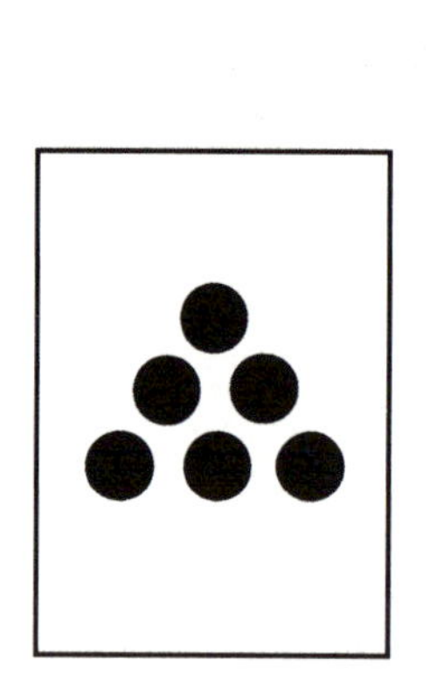

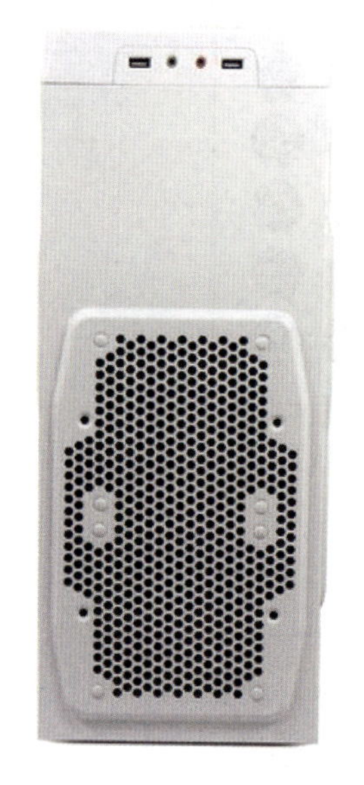

图 2-1-14　多点的不同安置

2. 线

（1）线的概念

线是点移动的轨迹。在数学概念中，线只有形态和位置，没有面积；但从平面构成来讲，线必须能够看得见，它既有长度，又有一定的宽度和厚度（见图 2-1-15）。线在空间中是具有长度和位置的细长物体，在设计中是不可缺少的元素。

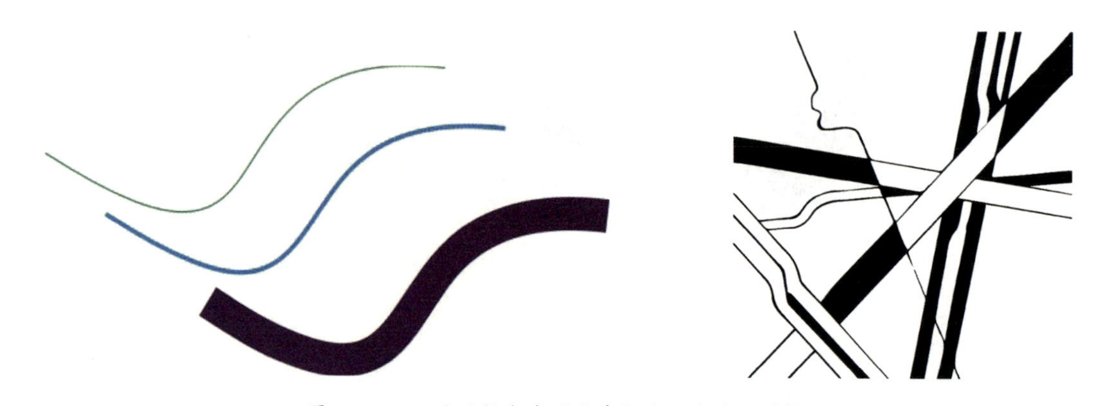

图 2-1-15　平面构成中的线有长度、宽度和厚度

（2）线的形态

根据线的不同形态可以把线分为直线和曲线两大类，其中直线又包括水平线、垂直线、折线、交叉线、发射线和斜线；曲线则包括弧线、抛物线、旋涡线、波浪线及自由曲线。各种线的形态不同，具有各自的特征。在造型活动中，线是最具活力和个性的要素，被广泛地用于表现形体结构及各种字体设计中（见图 2-1-16、图 2-1-17）。

图 2-1-16　线在形体结构方面的表达

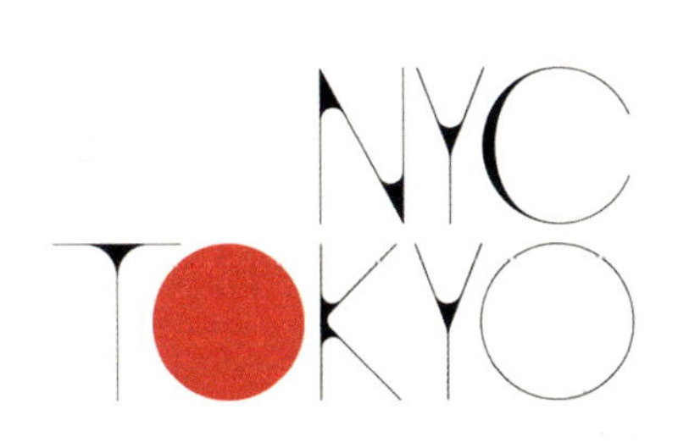

图 2-1-17　线在字体设计中的应用

同时，线条的直、曲也会给人带来不同的感受，直线的设计简洁、大方，给人以专业、诚信、正直等心理感受（见图 2-1-18）；曲线的设计则会让人感觉柔美、优雅、温柔，具有女性特征（见图 2-1-19）。

图 2-1-18　直线的设计

图 2-1-19　曲线的设计

3. 面

（1）面的概念

面是线的连续移动至终结而形成的。面有长度、宽度，没有厚度（见图 2-1-20）。

图 2-1-20　面有长度、宽度

（2）面的形态

平面构成中的面总是以形的特征出现的，因此，人们总是把具体的面称为形。通常把这样的形分为四类。

① 几何形：也可称无机形，是可以重复构成的形，由直线或曲线，或者直线、曲线两者相结合形成的面，如正方形、三角形、梯形、菱形、圆形、五角形等。几何形具有数理性的简洁、明快、冷静和秩序感，有规则、平稳、较为理性的视觉效果，被广泛运用在建筑、实用器物等造型设计中（见图 2-1-21）。

图 2-1-21　设计中的几何形态

② 有机形：是一种不可用数学方法求得的有机体形态，是柔和、自然、抽象的形态，也具有秩序感和规律性，具有生命的韵律和纯朴的视觉特征。例如，自然界的鹅卵石、枫树叶、生物细胞、瓜果外形，以及人的眼睛外形等都是有机形（见图 2-1-22）。

图 2-1-22　有机形

③ 偶然形：是指自然或人为偶然形成的形态，其结果无法被控制，自由、活泼而富有哲理性，如随意泼洒、滴落的墨迹或水迹，树叶上的虫眼等，具有一种不可重复的意外性和生动感（见图 2-1-23）。

图 2-1-23　偶然形

④ 不规则形：是指人为创造的自由构成形，可随意地运用各种自由的、徒手的线性构成形态，具有很强的造型特征和鲜明的个性，给人以更为生动、厚实的视觉效果（见图 2-1-24）。

图 2-1-24　不规则形

4. 体块

（1）体块的概念

体块可分为体和块两部分，体是指物体的体积（实体），块是指由体形成的容积、大小、数量、质量等物理量（见图 2-1-25）。

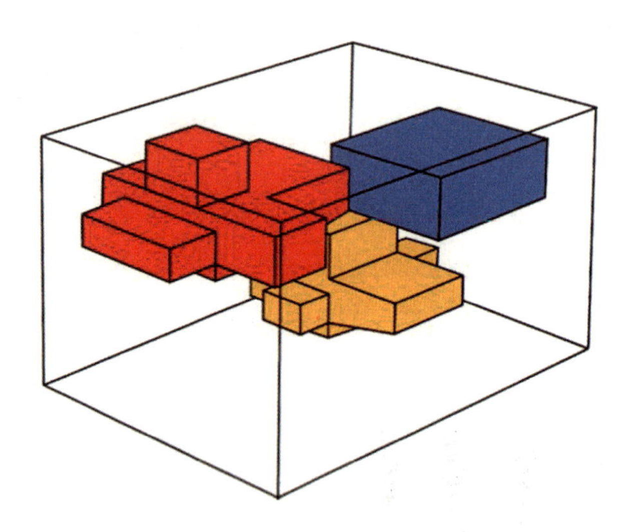

图 2-1-25　体块能体现体积感

（2）体块的形态

由于体占有三个维度的空间，因此在视觉上的感受最为强烈。不同形状的体和不同程度的量给人的视觉感受是截然不同的。

在面的衔接过渡上，棱角尖锐的体块给人以坚硬、冷漠、难以接近的心理感受（见

图 2-1-26）；圆润柔和的体块（有机形态）给人以温柔、亲和、舒适的感觉（见图 2-1-27）。而在表面处理上，光洁、轮廓线圆润飘逸的物体让人有轻盈的心理感受（见图 2-1-28）；造型方正、棱线刚硬的物体则有凝重的视觉效果（见图 2-1-29）。不同的造型特征也可以让人感受到轻快与沉重，如透明体比非透明体轻快（见图 2-1-30）；有孔洞的物体造型也给人以轻快感（见图 2-1-31）；静止物体运用旋转、抛物线或不规则线型的体块造型也会增加其轻盈感（见图 2-1-32）。

图 2-1-26　棱角尖锐的体块

图 2-1-27　圆润柔和的体块

图 2-1-28　表面光洁、轮廓线圆润飘逸的物体

图 2-1-29　造型方正、棱线刚硬的物体

图 2-1-30　透明体与非透明体

图 2-1-31　有孔洞的物体

图 2-1-32　静止物体运用旋转、抛物线或不规则线型的体块造型增加其轻盈感

2.2 形态美学法则

1. 比例与分割之美

在自然界中可以发现很多物体都有自己的比例。比例美是人们视线的感觉，不同的比例分割会产生不同的感受，如端庄、朴素、大方等。一般情况下，比例关系越小，画面越有稳定感；比例关系越大，画面的变化越强烈，不容易形成统一。在平面构成中，比例是指图形或画面整体与局部，以及局部之间的面积、长度等的数量关系，同时彼此之间包含着匀称性、一定的对比，是和谐的一种表现，是图形相互比较的尺度表现。分割与比例在电子产品中的应用见图 2-2-1。

图 2-2-1　分割与比例在电子产品中的应用

黄金分割又称黄金律，是指事物各部分间一定的数学比例关系，即将整体一分为二，较小部分与较大部分之比等于较大部分与整体之比，其比值为 0.618 ∶ 1 或 1 ∶ 1.618，即长段为全段的 0.618。0.618 被公认为是最具有审美意义的比例数字，上述比例又是最能引起人的美感的比例，因此被称为黄金分割。

黄金分割是根据黄金比例，将一条线分割成两段。长度较长的 B 与总长度 $A+B$ 之比等于 A 与长度较长的 B 之比（见图 2-2-2）。黄金矩形的长宽之比为黄金分割率 0.618，并且可以不断以这种比例分割下去（见图 2-2-3）。黄金分割率和黄金矩形能够给画面带来美感，令人愉悦。

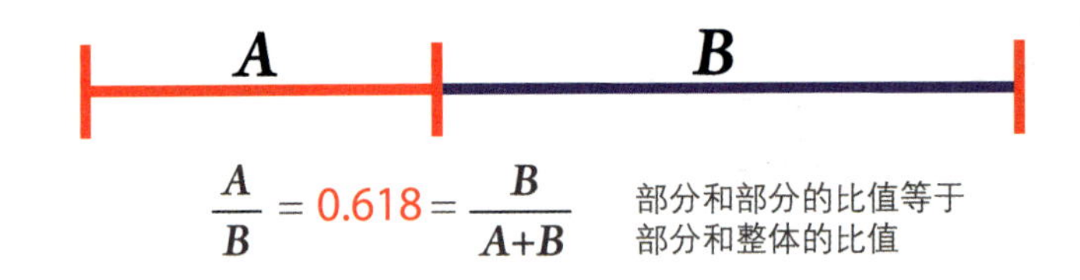

图 2-2-2　黄金分割比例

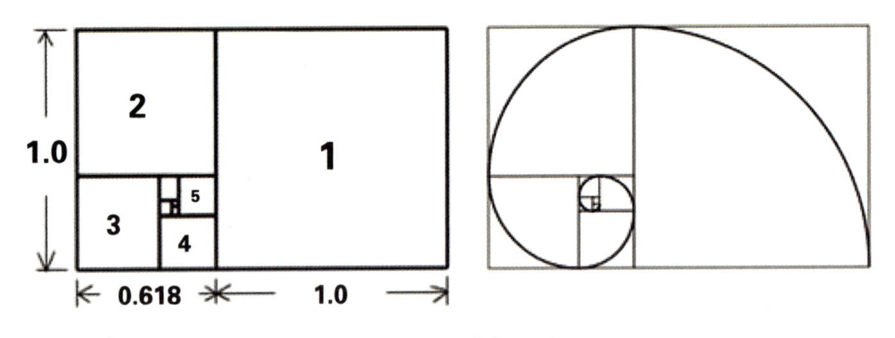

图 2-2-3　黄金矩形

植物叶子中的黄金分割见图 2-2-4，鹦鹉螺曲线的每个半径和后一个的比都是黄金比例，是自然界最美的鬼斧神工（见图 2-2-5）。动植物的这些数学奇迹并不是偶然的巧合，而是在亿万年的长期进化过程中选择的适应自身生长的最佳方案。

图 2-2-4　植物叶子中的黄金分割

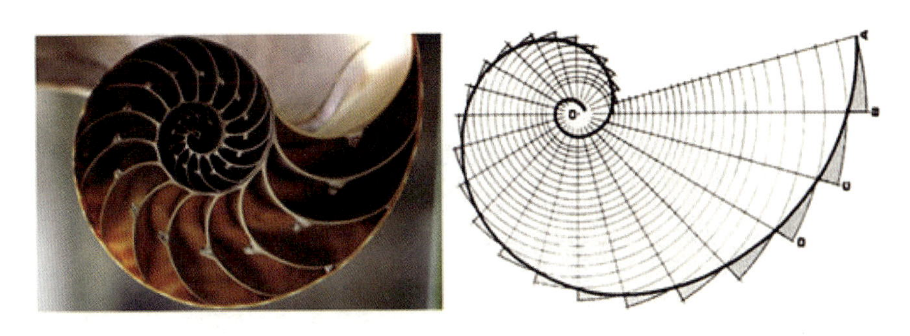

图 2-2-5 鹦鹉螺曲线

对黄金分割的各种偏好不仅限于人类的审美，它也是动植物这些生命成长方式中各种显眼的比例关系的一部分。

贝类的螺旋轮廓线显示成长过程的积淀方式，它们是以各种黄金分割比例形成的对数螺旋线，被认为是完美的生长方式。这已经成为许多科学研究的课题。每一段螺旋线表现了每个生长阶段新生长的螺旋线非常逼近于黄金分割正方形的比例，而且比原来的大。鹦鹉螺旋线和其他贝类的成长方式，从来都不是精确的黄金分割比例。更确切地说，在生物成长方式的比例中存在一种趋势，努力接近黄金螺旋线比例，但是并没有达到准确的螺旋线的各个比例（见图 2-2-6~ 图 2-2-9）。

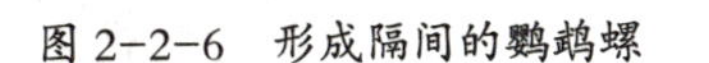

图 2-2-6 形成隔间的鹦鹉螺

图 2-2-7 大西洋日晷贝

图 2-2-8 月亮蜗牛贝

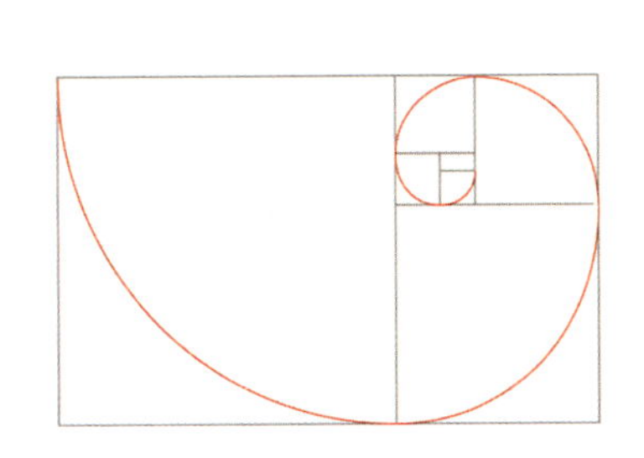

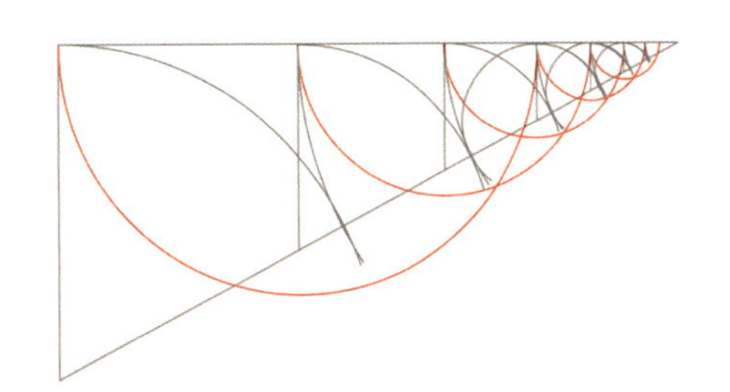

图 2-2-9 胫节贝螺旋线与黄金比例

泰姬陵的多处布局都能看出黄金分割（见图 2-2-10）。埃及的金字塔、希腊雅典的巴特农神庙、印度的泰姬陵，这些伟大杰作都有黄金分割的影子。

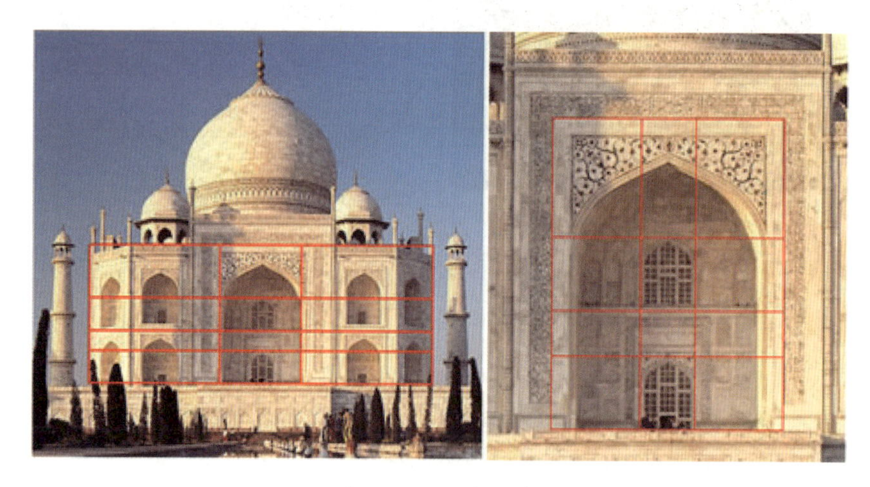

图 2-2-10　泰姬陵

达·芬奇名画《蒙娜丽莎》和《最后的晚餐》中的后墙和窗户，还有前景的桌子和弟子的脚都存在着微妙的比例关系（见图 2-2-11）。

图 2-2-11　黄金分割比例在达·芬奇画作中的运用

在扬·奇科尔德的海报《构成主义》中，中心圆直径成为一个基本度量单位，用于确定整个海报和各个元素的摆放位置。这个圆形本身就是一个焦点，视线毫无疑问地被它吸引。这个圆形也突出了这个展览的主题和参展者名单。展览日期左边的那个小的粗体圆形着重号是一个视觉标点符号，它与那个大圆相呼应，并在尺寸上与其形成对比。那些参展者名单从海报对角线和下部矩形对角线的交点开始。日期文字到那个大圆的距离与那条水平线到文字“Konstruktivisten”基准线的距离是相等的（见图 2-2-12）。

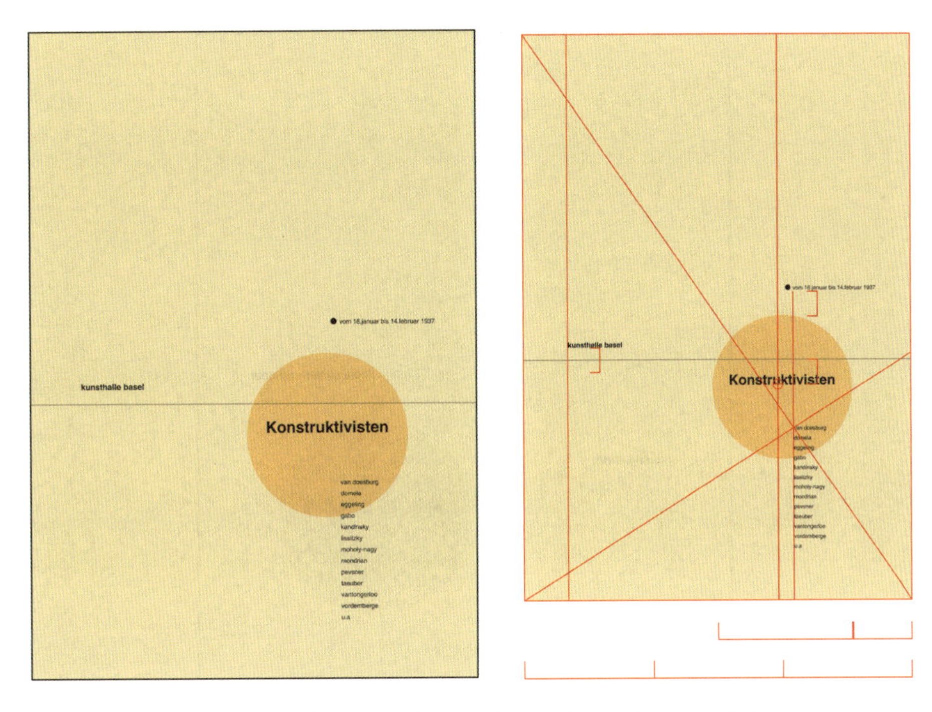

图 2-2-12　《构成主义》海报（扬·奇科尔德，1937 年）

这个窄的矩形版式是一个五边形页面，并且是在一个与圆内接的五边形基础上设计出来的。这个五边形的顶边是这个矩形的宽，这个五边形的底点位于这个矩形页面的底边上。这个海报中水平线的位置将这个五边形的两个顶点连接起来（见图 2-2-13）。

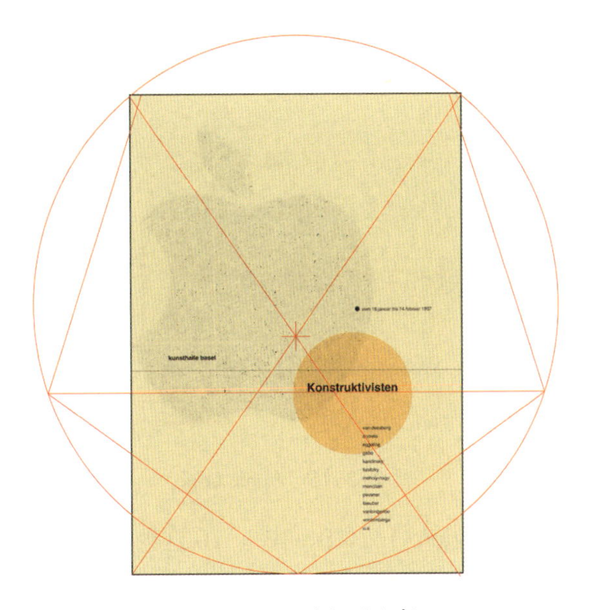

图 2-2-13　海报的分析

这张海报的版式构成一个三角形，这个三角形平衡了画面并增加了视觉兴趣（见图 2-2-14）。

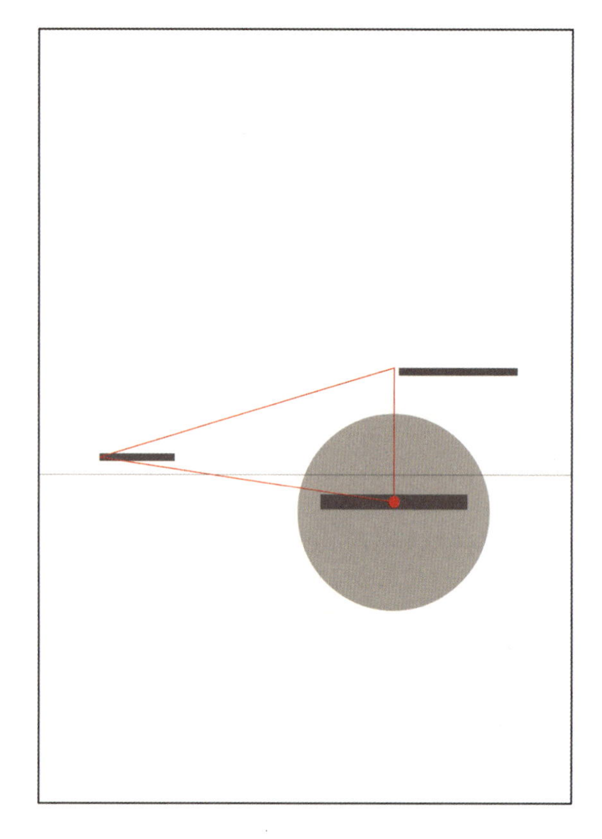

图 2-2-14　海报元素分析

Apple Logo 中苹果小叶子的高度和缺口的高度之比是 0.6，而缺口的位置也和黄金分割有着千丝万缕的关系（见图 2-2-15）。

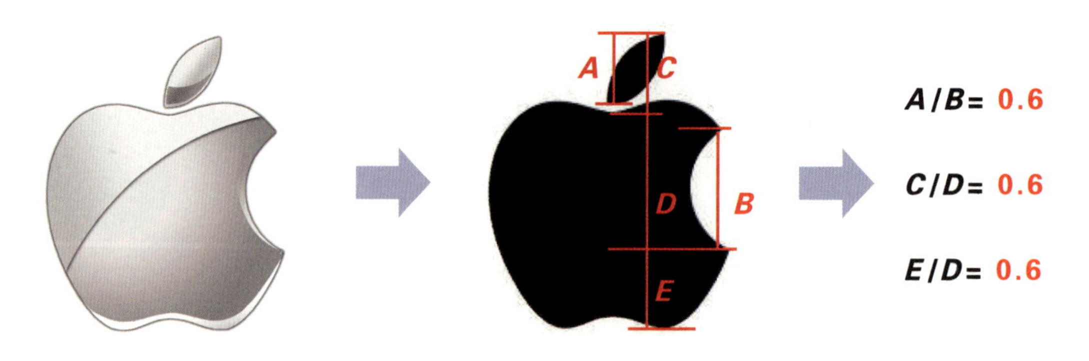

图 2-2-15　Apple Logo

如今宽屏显示已经是主流趋势，16 ∶ 9、16 ∶ 10 这种比例都是比较接近黄金分割的，它们被充分应用到产品的设计上（见图 2-2-16）。

分辨率：1920 像素 ×1080 像素

支持分辨率：16 ∶ 10 宽高比可显示 1440 像素 ×900 像素

图 2-2-16　苹果电脑

除此之外，在钢笔的分割、豆浆机的上下排布和音箱的仿生设计等许多日常生活产品的设计中，都应用了黄金比例（见图 2-2-17）。

图 2-2-17　生活产品中的黄金比例

黄金分割比例在汽车设计中的运用见图 2-2-18。在结构示意图中，黄金分割椭圆围绕着汽车侧窗，该椭圆同时与前门分割线相切，椭圆的长轴与侧面腰线相一致，车体正好处于黄金分割椭圆的上半部分。整车造型前后比例十分协调，同时不失动感。

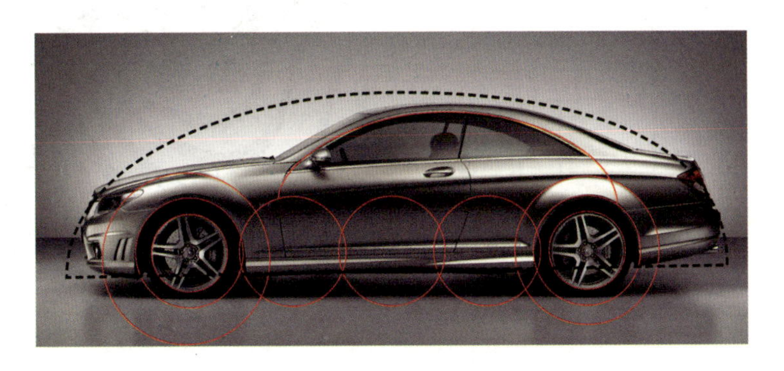

图 2-2-18　黄金分割比例在汽车设计中的运用

没有运用黄金分割比例的汽车设计案例见图 2-2-19。该车被福布斯杂志评为 2010 年度最丑车型之一，通过结构示意图分析可以很清楚地看出，车身比例不符合黄金分割比例，整车轮廓在一个非黄金分割椭圆的形体内部，车身稍显扁平、笨重。

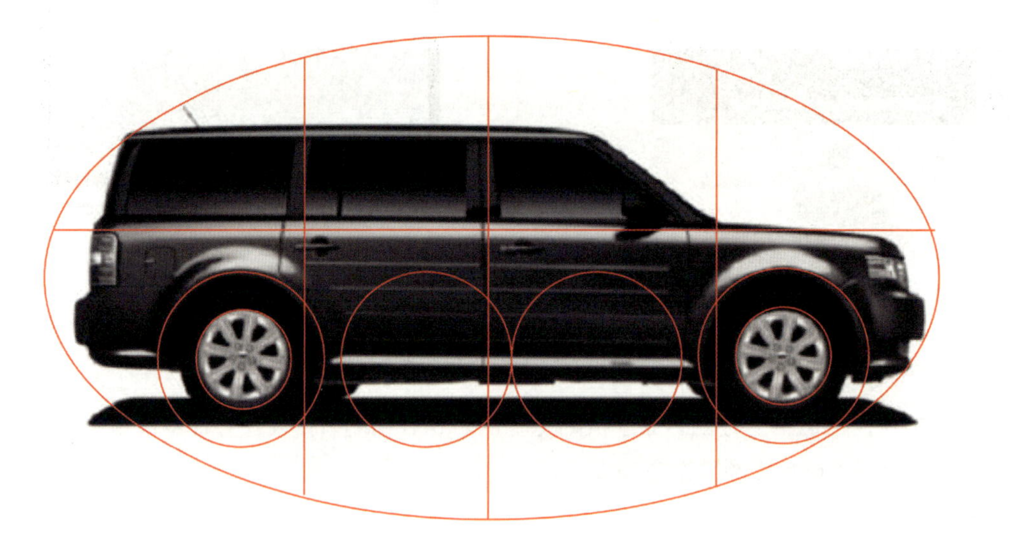

图 2-2-19　没有运用黄金分割比例的汽车设计案例

2. 变化与统一之美

“多样统一”（或称“变化统一”）是对立统一规律在造型艺术中的运用，也是形式美的基本法则。多样体现了各种客观事物千差万别的个性，统一则体现了其共性或整体联系。有变化不统一就会凌乱，统一而无变化就会单调，多样统一把多种因素有机地组合在一起，既不杂乱，又不单调，使人感到既丰富又单纯，既活泼又有秩序。对称、均衡、节奏、韵律等法则，都体现了多样统一的精神（见图 2-2-20、图 2-2-21）。

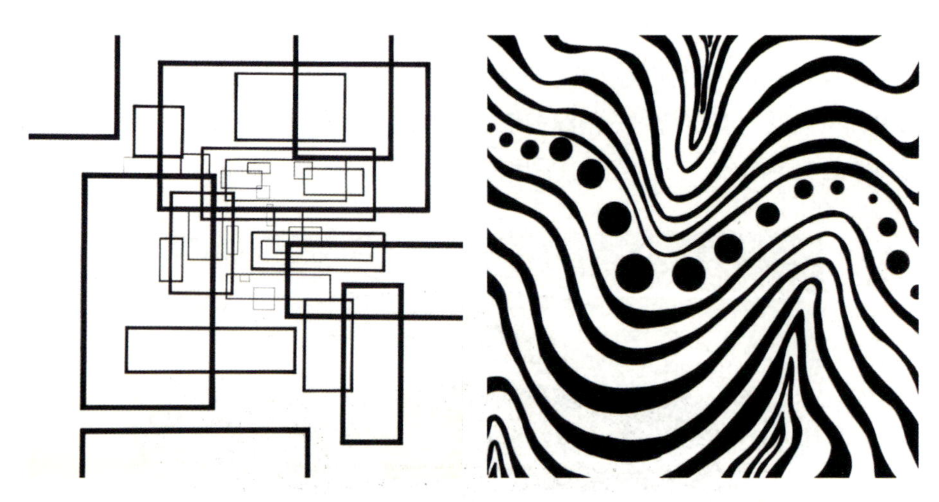

图 2-2-20　多样统一

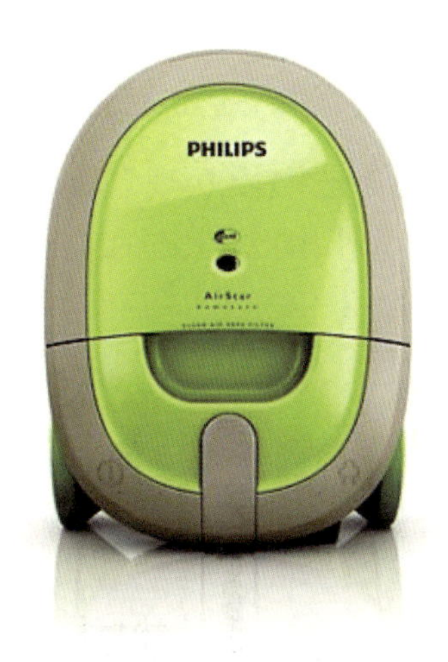

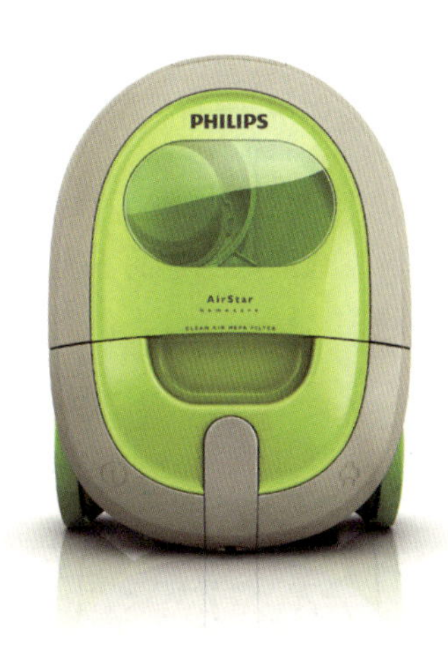

图 2-2-21　在统一之中进行细节的变化

图 2-2-22 和图 2-2-23 用点、线、面综合组构画面，以纯粹的方式排除具象因素，加上色彩的变化、形的大小、质的刚柔和粗细、强弱和轻重、势的动静和进退，以及色的深浅明暗等，可以在对比和均衡的变化中求得和谐统一。

图 2-2-22　用点、线、面综合组构画面 1

图 2-2-23　用点、线、面综合组构画面 2

3. 对称与均衡之美

对称与均衡是不同类型的稳定形式，以保持物体外观量感均衡，达到视觉上的稳定。

对称是指轴线两侧图形的比例、尺寸、色彩、结构完全呈镜射，体现力学原则，以同量但不同形的组合方式形成稳定而平衡的状态，给人以稳定、沉静、端庄、大方的感觉，产生秩序、理性、高贵、静穆之美，符合人们通常的视觉习惯（见图 2-2-24、图 2-2-25）。

图 2-2-24　对称在产品上的运用

图 2-2-25　对称在汽车设计上的运用

均衡结构是一种自由稳定的结构形式，它是指物体上下、前后、左右间各构成要素具有相同的体量关系，通过视觉表现出来秩序感及平衡感（见图 2-2-26）。

图 2-2-26　均衡在产品上的运用

在画面上，对称与均衡产生的视觉效果是不同的，前者端庄静穆，有统一感、格律感，但过分均等就易显呆板（见图 2-2-27）；后者生动活泼，有运动感，但有时因变化过强而易失衡（见图 2-2-28）。因此，在设计中要注意把对称、均衡两种形式有机地结合起来灵活运用。在我们的日常生活用品中，因巧用了“对称”与“均衡”美学法则而成功的案例比比皆是，如陶瓷器皿、军用坦克、交通工具等。

图 2-2-27　对称有统一感、格律感

图 2-2-28　均衡有运动感

4. 稳定与轻巧之美

稳定是指物质形态在物理范畴中的稳定性和视觉心理上的稳定感。稳定给人以庄重、严肃、肯定、牢固的静态感。稳定的负面则给人以笨重、呆板、沉重的压抑感。稳定包含两个方面。

（1）实际稳定。实际物体的重心符合稳定条件，这是任何一件工业产品都必须具备的基本特性。

（2）视觉稳定。物体造型外观的量感重心满足视觉上的稳定感。稳定的外形平衡感十足，见图 2-2-29，严肃庄重的外形给人稳定、安全之感，见图 2-2-30。

图 2-2-29　稳定的外形平衡感十足

图 2-2-30　严肃庄重的外形给人稳定、安全之感

轻巧给人灵动、轻盈、活泼、欢快的感觉。轻巧过度则让人感觉晃动和不安定。重心高显得轻巧，重心低则显得稳定。轻巧是在实际稳定的前提下，用艺术创造的方法，使造型物给人以轻盈、灵巧的美感（见图 2-2-31）。

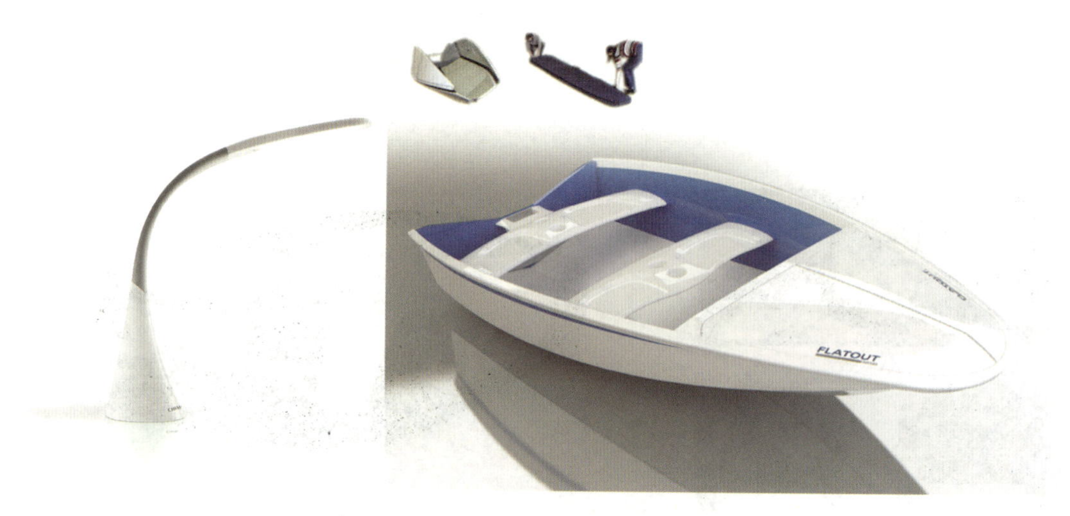

图 2-2-31　轻巧给人以轻盈、灵巧的美感

稳定和轻巧都是指造型物上下之间的轻重关系，影响稳定与轻巧的要素之一是底部接触面积，面积大，则具有较大的稳定感，随着面积的逐渐减小，稳定感削弱，轻巧感却逐步加大。除此之外，材料构造、色彩、表面肌理等也都是影响稳定与轻巧的因素。

5. 节奏与韵律之美

节奏是指构成要素有规律、周期性变化的表现形式，常通过点或线条的流动、色彩深浅变化、形体大小、光线明暗等表达。韵律是指在节奏的基础上更深层次的内容和形式有规律的变化统一。节奏强调的是变化的规律性，而韵律显示的是变化（见图 2-2-32）。

图 2-2-32　节奏与韵律的变化美感

现代工业设计要求标准化、系列化及通用化，设计中将符合基本模数的单元重复使用，从而产生节奏和韵律感。产品形态设计中的节奏，表现为一切元素的有规律呈现，通过点、线、面、体的连续或间断的重复出现形成一种视觉移动顺序，从而产生美感。韵律感在产品形态中虽然没有如音乐般强烈，但是随着视线的移动，也能产生良好的效果，给人留下深刻的印象。在我们平时常用的一些生活用品中，有很多都很灵活地采用了节奏与韵律的美学法则，如电脑键盘按键、手机按键、电梯控制面板按键、钢琴键等（见图 2-2-33~ 图 2-2-36）。

图 2-2-33　电脑键盘按键

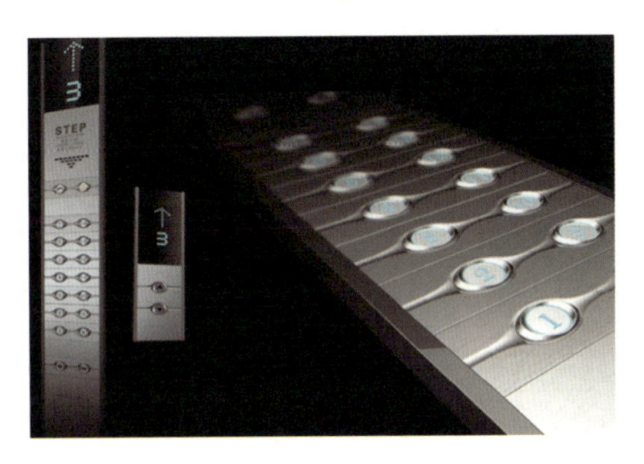

图 2-2-34　电梯控制面板按键

图 2-2-35　视觉元素反复的韵律

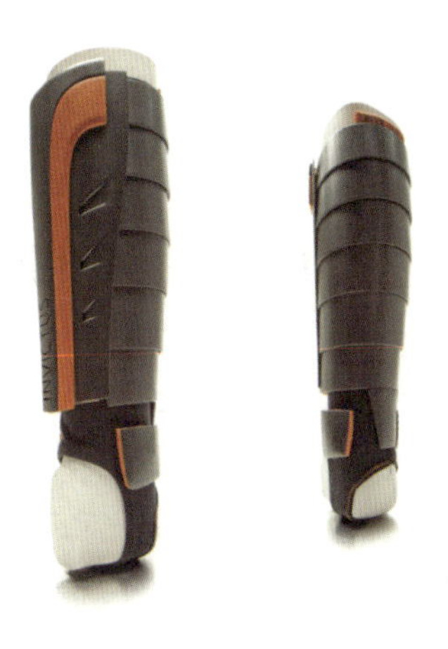

图 2-2-36　节奏性曲线形态的韵律

第3章 色彩

色彩对于人类来说是必不可少的知觉现象。在人类历史发展的过程中，色彩始终反映着真实的客观现象，帮助人们发现、观察、创造甚至改变这个世界。换句话说，色彩不仅仅带给人类绚丽缤纷的视觉体验，还是人类赖以生存的手段和创造生活的工具（见图 3-0-1）。

图 3-0-1　不同颜色的 iPod

3.1 色彩与光的关系

没有光就没有色彩，光是人们感知色彩存在的必要条件，色彩来源于光。红苹果反射红色光，而橘子反射橘色的光，由于物体反射的光色不同，我们看到的物体色彩也不同，并随着光的改变而变化。在日光和灯光下人们看到的物体颜色会有差别，而在漆黑的夜晚中就感受不到物体的颜色。阳光下与黑暗中的颜色变化见图 3-1-1。

图 3-1-1　阳光下与黑暗中的颜色变化

光具有波的特征，光反射到眼睛里时，波长不同决定了光的色相不同，能量决定了光的强度，波长相同、能量不同，则决定了色彩明暗的不同。

太阳光谱图见图 3-1-2。日光中包含有不同波长的可见光，混合在一起并同时刺激我们的眼睛时，我们看到的是白光；分别刺激我们的眼睛时，则会产生不同的色光。

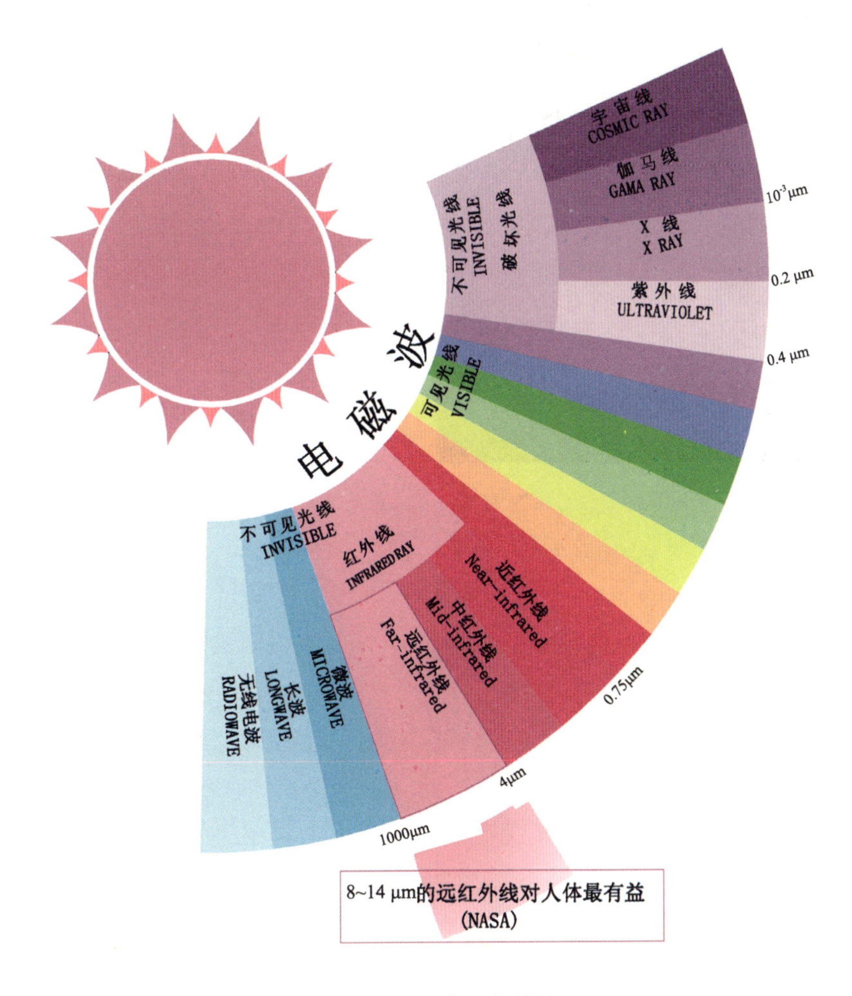

图 3-1-2　太阳光谱图

3.2 三原色与补色

1. 三原色

三原色由三种基本原色构成。原色是指不能透过其他颜色的混合调配而得出的“基本色”。

三原色通常分为两类，一类是色光三原色（见图 3-2-1 左图），另一类是颜料三原色（见图 3-2-1 右图）。色光三原色是指红、绿、蓝三色。它是人的眼睛依据所看见的光的波长来识别的，如果三种光以相同的比例混合，且达到一定的强度，就呈现白光。而颜料三原色是在打印、印刷、油漆、绘画等场合中，物体靠介质表面的反射被动发光，在光源中所呈现出的被颜料吸收后剩余部分的颜色。三种颜色分别为黄、品红、青。三原色创意调色盘时钟见图 3-2-2。

图 3-2-1　三原色

图 3-2-2　三原色创意调色盘时钟

2. 补色

补色又称互补色、余色。如果两种颜色混合后形成中性的灰黑色，则这两种色彩为互补色。如黄与紫、青与橙、红和绿均为互补色。色彩的互补色及其在产品中的应用见图 3-2-3、图 3-2-4。

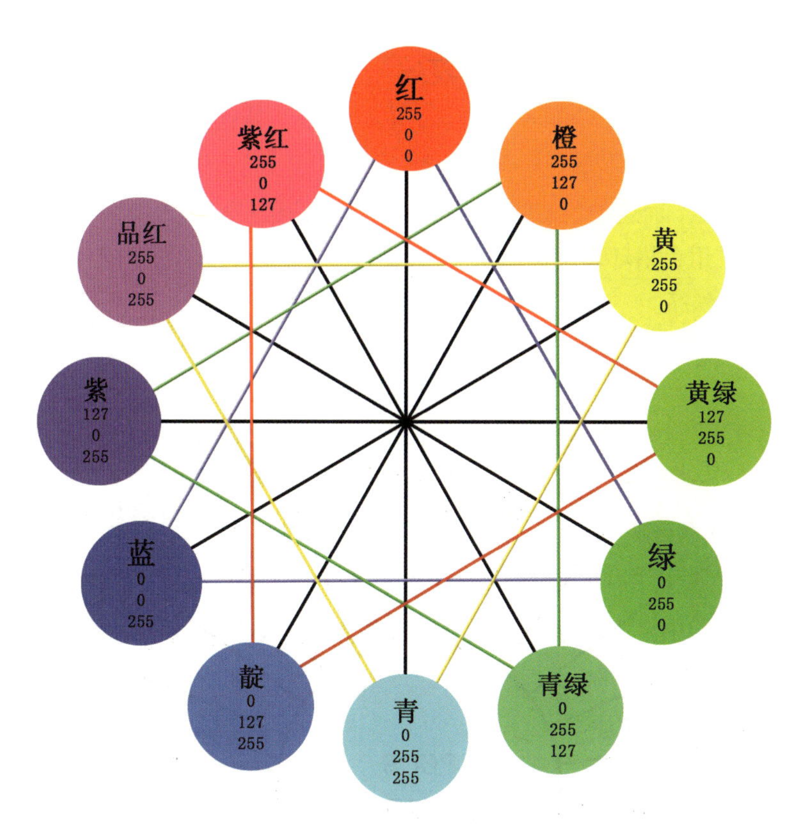

图 3-2-3　色彩的互补色

图 3-2-4　互补色在产品中的应用

3.3 色彩的三属性

色彩的三属性指色彩具有的色相、明度和纯度。三属性是界定色彩感官识别的基础，灵活应用三属性变化是色彩设计的基础。在设计中，色彩的色相、明度、纯度变化是综合存在的，色彩三属性的变化可以带来不同的色彩表现力。

1. 色相

色彩有色调的变化，而这种色调倾向叫色相。我们认识的基本色相为红、橙、黄、绿、蓝、紫。在色彩理论中常用色相环表示色相系列（见图 3-3-1）。光谱两端的红和紫结合起来，是色相系列呈循环的秩序。

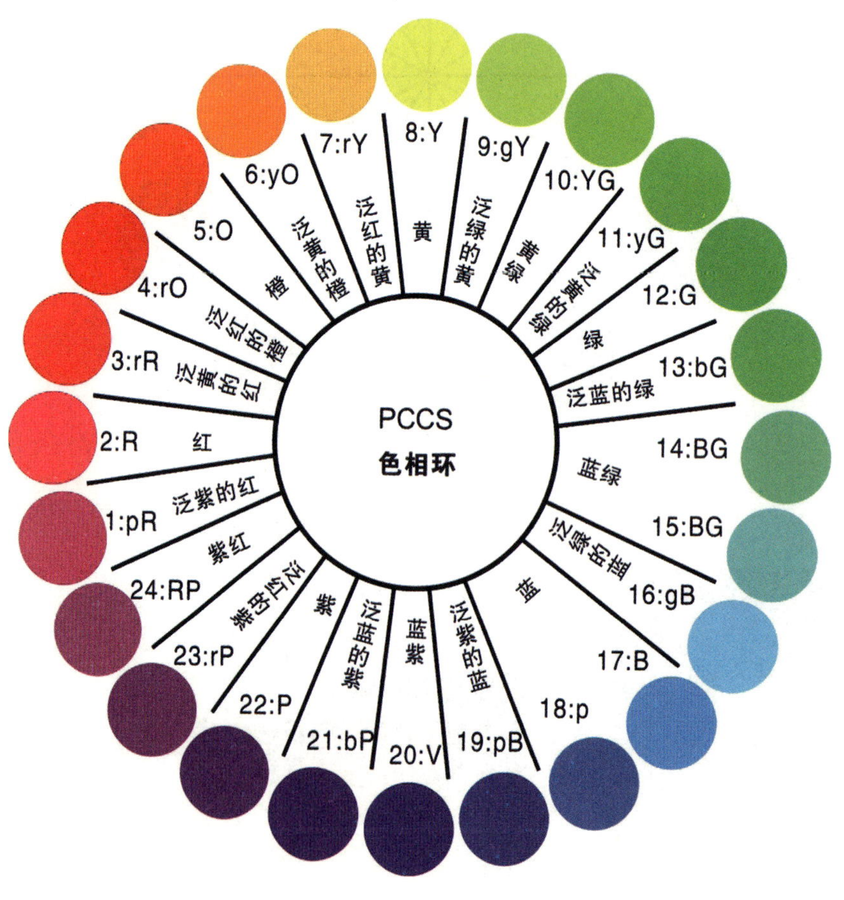

图 3-3-1　色相环

色相环按光谱顺序排列为红、橙红、橙黄、黄、黄绿、绿、绿蓝、蓝绿、蓝、蓝紫、紫、红紫。更加细致的色相环呈现着微妙而柔和的色相过渡。生活中的色相环和产品中的色相环见图 3-3-2。

图 3-3-2　生活中的色相环和产品中的色相环

2. 明度

明度指色彩的明暗程度。色彩的明度与其表面色光的反射率有关。物体表面的光反射率越大，对视觉刺激的程度就越大，看上去就越亮，这一颜色的明度就越高。

明度最亮的是白色，最暗的是黑色。色彩越靠向白，亮度越高；越靠向黑，亮度越低。黑、白之间不同程度的明暗强度划分称为明暗阶度（见图 3-3-3）。

图 3-3-3　色彩的明度对比

色彩有其自身所具有的明度值，如黄色的明度值较高，蓝紫色的明度值较低。色彩也可以通过加减黑、白来调节明度。白色颜料属于反射率高的物体，在其他色彩中混入白色，可以提高该色的明度。黑色颜料属于反射率极低的物体，在其他色彩中混入黑色，可以降低混合色的反射率。明度有一种单独存在的独立性，在色彩的结构中起着重要的作用。产品色彩明度对比及不同明度产品对比见图 3-3-4、图 3-3-5。

图 3-3-4　产品色彩明度对比

图 3-3-5　不同明度产品对比

3. 纯度

纯度指颜色的鲜艳程度，不同的色相不仅明度不同，纯度也不同。红色是纯度最高的色相，蓝绿色是纯度最低的色相。在观察中最纯的红色比最纯的蓝绿色看上去更加鲜艳。黑、白、灰属于无彩色系，任何一种单纯的颜色，若与无彩色系中任何一色混合，即可降低其纯度。色彩纯度对比见图 3-3-6。

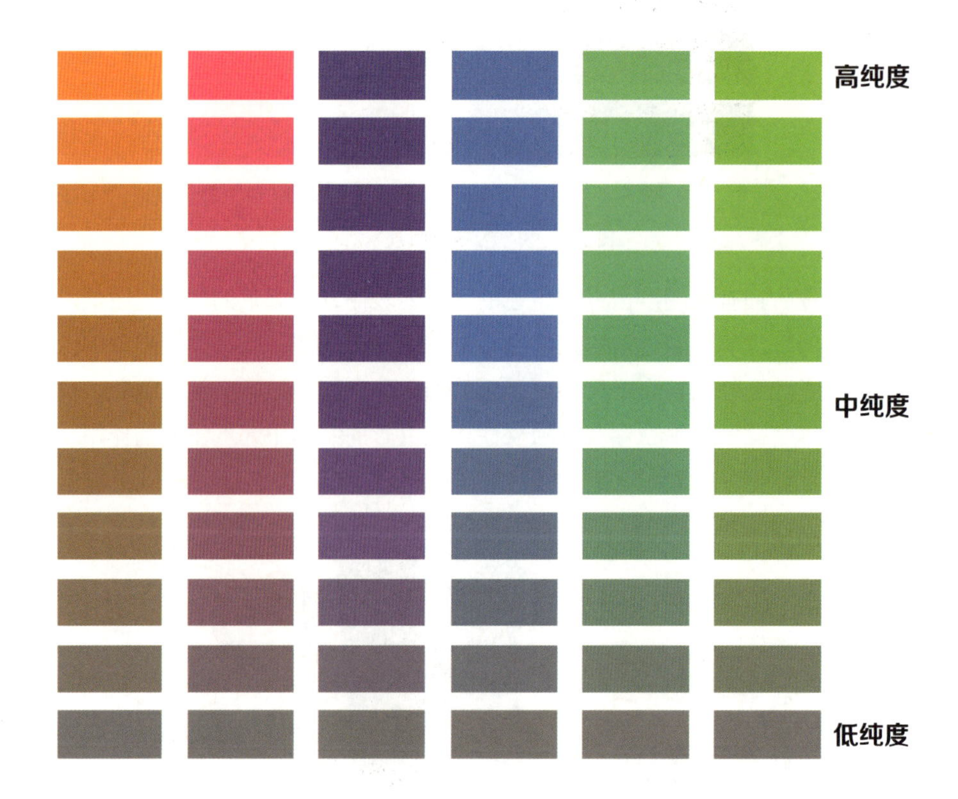

图 3-3-6　色彩纯度对比

色相除了拥有各自的最高纯度外，它们之间也有纯度高低之分。通常可以通过一个水平直线的纯度色阶表确定一种色相的纯度量的变化。纯度对比的变化见图 3-3-7，色彩纯度的应用见图 3-3-8。

图 3-3-7　纯度对比的变化

图 3-3-8　色彩纯度的应用

3.4 色彩的运用法则

1. 色彩与距离

色彩的距离与色彩的三属性都有关。人们看到明度低的色感到远，看到明度高的色感到近，看到纯度低的色感到远，看到纯度高的色感到近，环境和背景对色彩的远近感的影响也很大（见图 3-4-1）。

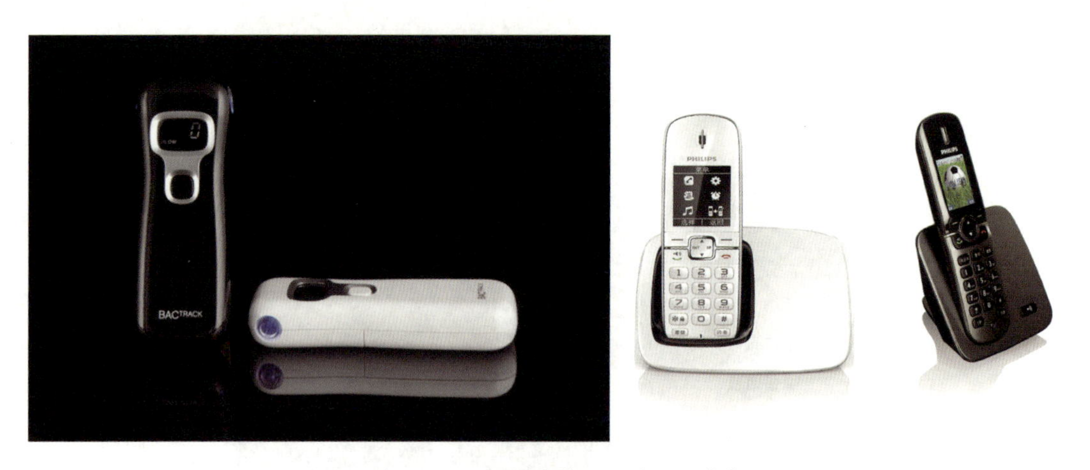

图 3-4-1　不同背景给人的心理感觉

在深底色上，明度高的色彩或暖色系色彩让人感觉近；在浅底色上，明度低的色彩让人感觉近；在灰底色上，纯度高的色彩让人感觉近。纯度高低体现的色彩给人的远近感可归纳为：暖的近，冷的远；明的近，暗的远；纯的近，灰的远；鲜明的近，模糊的远；对比强烈的近，对比微弱的远（见图 3-4-2）。

图 3-4-2　明暗、纯度给人的远近感

2. 色彩与轻重

色彩的轻重感来自生活中的体验，比如白色使人联想到棉花和白云，感觉轻飘；黑色使人联想到铁块或乌云密布，感觉沉重（见图 3-4-3）。

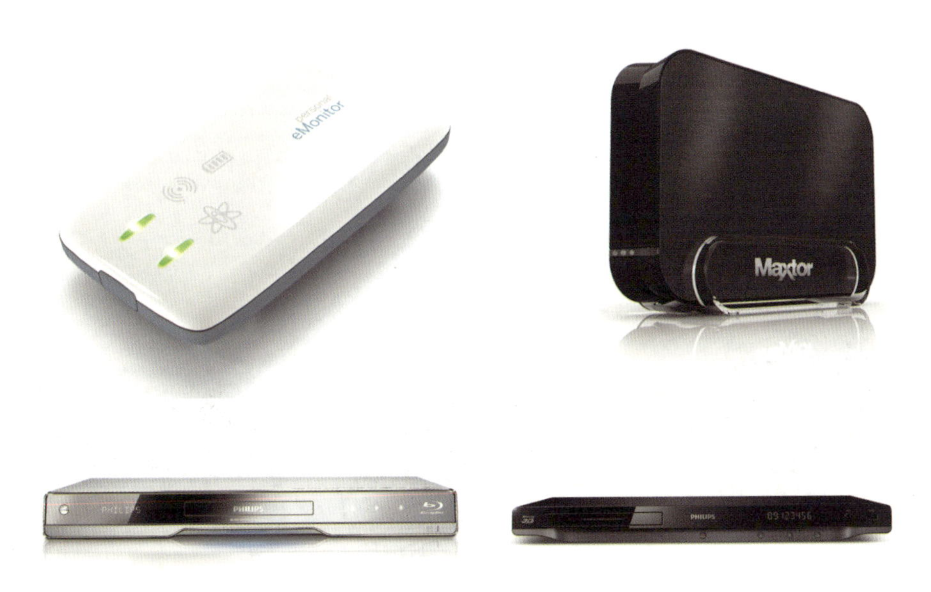

图 3-4-3　白色与黑色产品

色彩的轻重感主要是由明度决定的。浅色调往往具有轻盈柔软感；重色调则具有压力重量感。因此要想使色调变轻，可以通过加白色来提高明度，反之则加黑降低明度(见图 3-4-4)。

色彩的轻重感与知觉感有关，暖色往往具有重感，冷色则具有轻感（见图 3-4-5）。

图 3-4-4　色彩的轻重感和纯度

图 3-4-5　色彩的轻重感与冷暖

3. 色彩与冷暖

不同的色彩会产生不同的温度。波长长的红、橙、黄色常常使人联想到东方的太阳和燃烧的火焰，因此有温暖的感觉，称为暖色系；波长短的蓝色、青色、蓝紫色常常使人联想到大海、晴空、阴影，因此有寒冷的感觉，称为冷色系。

凡是带红、橙、黄的色调均称为暖色调，凡是带青、蓝、蓝紫的色调均称为冷色调。绿与紫是不暖不冷的中性色。无彩色系的白色是冷色，黑色是暖色，灰色是中性色。迷彩色给人中性的酷的感觉，见图 3-4-6。

图 3-4-6　迷彩色给人中性的酷的感觉

暖色使人兴奋，但容易使人感到疲劳和烦躁不安；冷色使人镇静，但灰暗的冷色容易使人感到沉重、阴森、忧郁；只有清淡明快的色调才能给人以轻松愉快的感觉（见图 3-4-7）。

图 3-4-7　冷暖色系产品心理感受对比

3.5 色彩与心理

色彩心理是客观世界的主观反映。不同波长的光作用于人的视觉器官而产生色感时，必然导致人产生某种带有情感的心理活动。事实上，色彩生理和色彩心理过程是同时交叉进行的，它们之间既相互联系，又相互制约。比如，红色能使人生理上脉搏加快，血压升高，心理上具有温暖的感觉。长时间红光的刺激，会使人心理上产生烦躁不安，在生理上欲求相应的绿色来补充平衡。

1. 色彩的强弱感

色彩的强弱决定色彩的知觉度，凡是知觉度高的明亮鲜艳的色彩均具有强感，知觉度低的灰暗的色彩具有弱感。色彩的纯度提高时则强，反之则弱。色彩的强弱与色彩的对比有关，对比强烈则强，对比微弱则弱。有彩色系中，以波长最长的红色为最强，波长最短的紫色为最弱。有彩色与无彩色相比，前者强，后者弱（见图 3-5-1、图 3-5-2）。

图 3-5-1　对比强与弱

图 3-5-2　红色与紫色、有彩色与无彩色

2. 色彩的软硬感

色彩软硬感与明度、纯度有关。明度高低的软硬感对比，凡明度较高的具有软感，明度较低的具有硬感（见图 3-5-3）；纯度高低的软硬感对比，纯度越高越具有硬感，纯度越低越具有软感（见图 3-5-4）；强对比色调具有硬感，弱对比色调具有软感（见图 3-5-5）。

图 3-5-3　明度高与低

图 3-5-4　纯度高与低

图 3-5-5　对比强与弱

3. 华丽与朴素

在纯度关系中，鲜明而明亮的色彩具有华丽感，浑浊而深暗的色彩具有朴素感（见图 3-5-6）；有彩色系具有华丽感，无彩色系具有朴素感（见图 3-5-7）；明度关系中，强对比色调具有华丽感，弱对比色调具有朴素感（见图 3-5-8）。

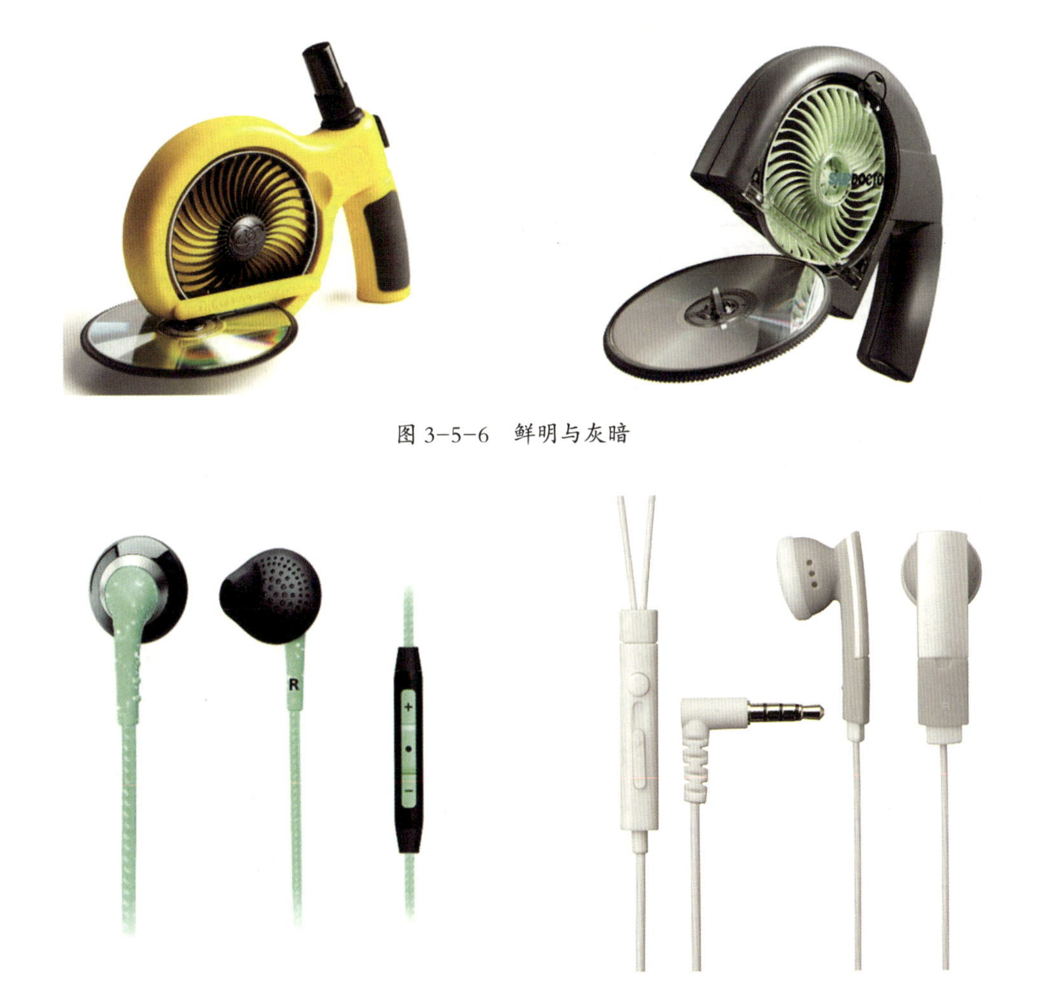

图 3-5-6　鲜明与灰暗

图 3-5-7　有彩色与无彩色

图 3-5-8　强对比与弱对比

4. 明快与忧郁

色彩的明快与忧郁感主要和明度与纯度有关，明度较高的鲜艳色彩具有明快感，灰暗浑浊之色具有忧郁感。高明度基调的配色容易取得明快感，低明度基调的配色容易产生忧郁感，对比强者趋向明快，弱者趋向忧郁（见图 3-5-9）。纯色与白组合易明快，浊色与黑组合易忧郁（见图 3-5-10）。

图 3-5-9　对比强与弱

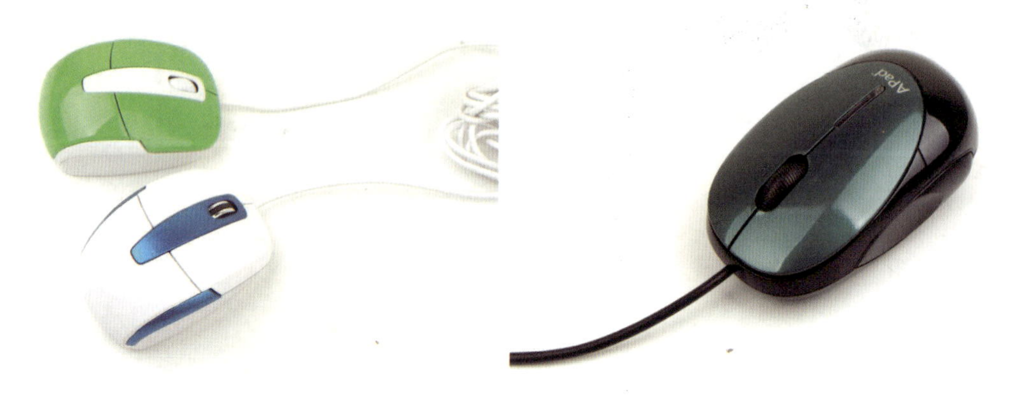

图 3-5-10　纯色与白、浊色与黑组合

第4章 材质

4.1 材质的类型

材质是材料和质感的结合。材料是人类用于制造物品、器件、构件、机器或其他产品的物质，是人类赖以生存和发展的物质基础。材料的分类方式有很多种，从物理化学属性来分，可分为金属材料、无机非金属材料（包括陶瓷和玻璃材质）、高分子材料（包括塑料和橡胶材质）和由不同类型材料所组成的复合材料。下面将介绍工业产品中最常用的六种材料，以及这些材料在工业产品中的运用。

1. 金属材料

金属材料是指由纯金属或合金构成的材料，呈微小的晶体结构。它具有金属光泽，是热和电的良好导体，具有优良的力学性和可加工性。金属材料的性质主要取决于它的化学成分、组织结构和制造工艺。

图 4-1-1 所示为荣获 2013 年 IF 产品设计奖的 PHILIPS 咖啡机，机身为不锈钢材质，色彩为黑白色和白绿色，高雅的色调加上时尚的外观让咖啡机现代感十足。

图 4-1-2 中左图为具有未来性特质的钛金属高尔夫球杆，质地轻盈却格外坚固。款型设计上，极简干净的切割、高度的设计性与低调的前卫风格及钛金属的高度气质让其备受推崇。右图为用锌材质制造的水龙头，整体呈现银光又略带蓝灰色，体现了金属的时尚感。

图 4-1-3 中左图为金属材质的筒灯设计，该款筒灯突破了传统筒灯的机械感，硬朗的线条走势赋予了它十足的现代感和现代生活的品质感。右图为 LED 灯泡设计，独特的散热结构设计打破了市面上传统光源的处理方式，该设计不仅能够取得很好的散热效果，而且能够满足生产工艺上脱模的要求。

图 4-1-1　PHILIPS 咖啡机

图 4-1-2　钛制高尔夫球杆和锌制水龙头

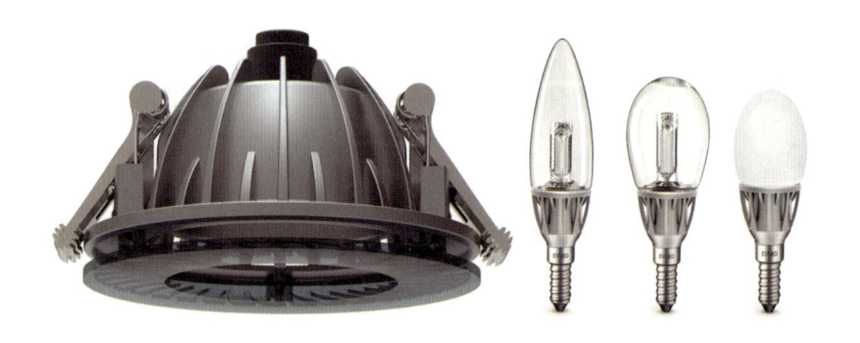

图 4-1-3　金属筒灯和 LED 灯泡

图 4-1-4 中左图为铝材质的苹果电脑机箱，造型简洁体现了金属的美感；右图为用镁材质制成的超薄手机。

图 4-1-4　苹果电脑机箱与超薄手机

图 4-1-5 中左图为机器人手臂设计，设计摒弃了所有浮华的装饰与花哨的造型，强调此类仪器应有的专业感与品质感。设备形式紧凑，适合使用，整体有着低调而和谐的色彩搭配。右图为 B&O 设计的深灰色无线便携苹果音箱，机身为实心铝格栅，展示了一定的科技感。

图 4-1-5　机器人手臂和苹果音箱

2. 塑料

塑料是以天然或者合成树脂为主要成分，适当加入填料、增塑剂、稳定剂、润滑剂、色料等添加剂，在一定温度、压力下塑制成型的高分子有机材料。在塑料工业中树脂是塑料最基本的材料，也是最重要的成分，它是指受热时通常有转化或熔融范围，转化时受外力作用具有流动性，常温下呈固态或半固态的有机聚合物。

图 4-1-6 所示为家用电饼铛设计，外壳采用酚醛树脂为原料，具有无毒、无味、耐磨、卫生等特点。设计前的产品原型为江苏富来特炊具有限公司老款产品，原产品外观呆板，与市场上的产品比较雷同，通过对现有的产品进行工业再设计，使得产品更加简洁、现代，具有科技感。

图 4-1-6　电饼铛设计

图 4-1-7 所示为护眼灯设计，以“品位、生活”为设计理念，以独特的创新能力为基础，达到了功能性与艺术性的完美结合，让用户在享用高品质产品的同时享受更高品质的生活，打造出造型与功能完美结合的全自动智能调光 LED 护眼台灯。

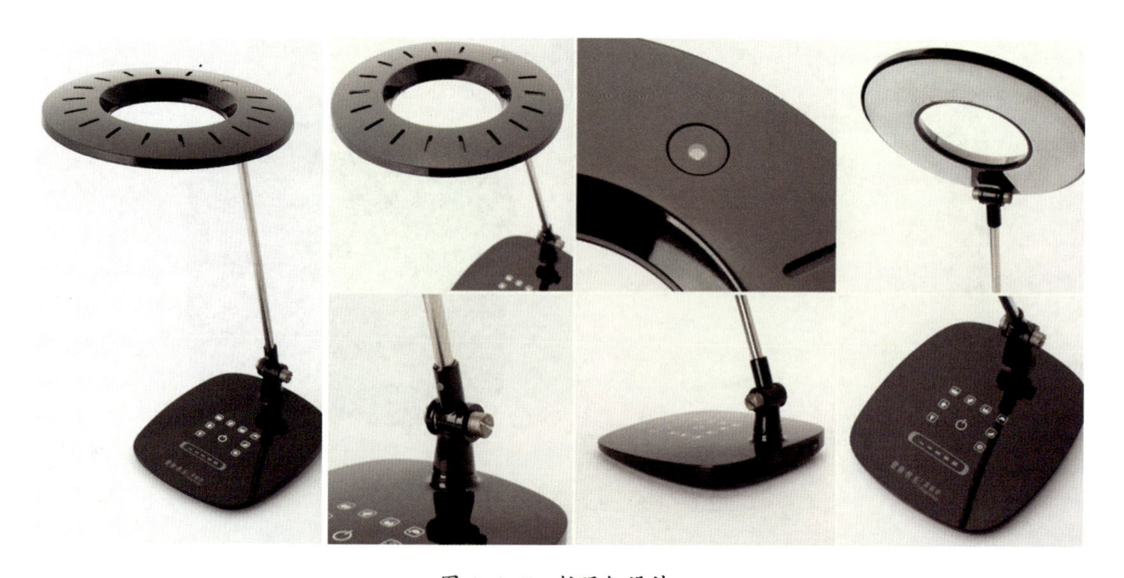

图 4-1-7　护眼灯设计

图 4-1-8 中左图为 ZIBA 设计的惠普打印机，简洁高雅；右图为沃克斯 99 迷你钉书机，和谐美观，它们使用的材料都为 ABS 塑料。

图 4-1-9 所示为塑料材质的全画幅单反相机 Canon EOS 5D，除了机能方面的改进外，外观上也有不少变化，机身造型以弧线为主，整体形态更加圆润。

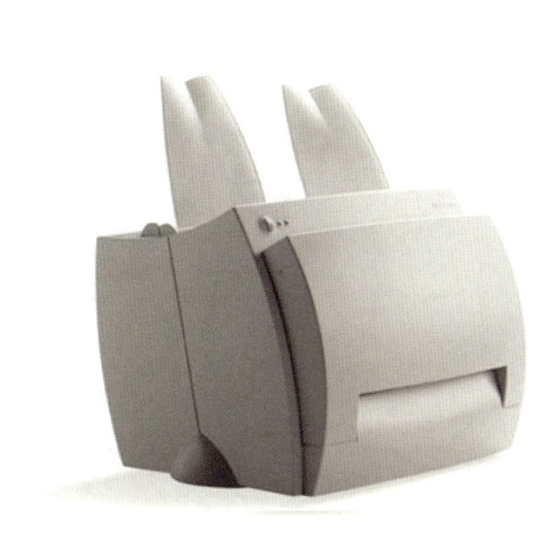

图 4-1-8　ABS 塑料打印机与订书机

图 4-1-9　单反相机

图 4-1-10 中左图为美国苹果公司电脑，右图为电脑细节展示。它们使用的材料为聚碳酸酯（PC），色彩清晰度好，用户能看清内部的部件排布，突破了当时的电脑设计传统。

图 4-1-10　苹果公司电脑

图 4-1-11 中左图为 PVC 凳子，色彩鲜艳，增添了产品的趣味感；右图为吹塑成型的有机玻璃保温瓶。

图 4-1-11　PVC 凳子与有机玻璃保温瓶

3. 陶瓷

陶瓷按照性能功用可分为普通陶瓷和特种陶瓷两种。普通陶瓷又称传统陶瓷，是用天然硅酸盐矿物，如黏土、长石、石英、高岭土等原料烧结而成的，如玻璃、水泥、石灰、耐火材料等。特种陶瓷又称现代陶瓷，采用纯度较高的人工合成原料，如氧化物、氮化物、硅化物等制成，具有特殊的力学、物理、化学性能，如绝缘陶瓷、磁性陶瓷、导电陶瓷、半导体陶瓷、光学陶瓷等。

图 4-1-12 中左图为德国的卫浴品牌 DURAVIT 设计的陶瓷洗面盘，优美的圆弧感加上陶瓷的温润感体现了卫浴产品的洁净、舒适特质；右图为氧化锆材质制成的耐磨损手表。

图 4-1-12　陶瓷洗面盘和耐磨损手表

4. 玻璃

玻璃是一种又硬又脆的透明非晶体材料，具有良好的抗风化、抗化学介质腐蚀（氢氟酸除外）的特性。玻璃的主要成分为碳酸钠、石灰石和二氧化硅。玻璃材料可分为三类：软质玻璃、硬质玻璃和超硬质玻璃。还有三种规格的感光玻璃材料和建筑用特殊用途玻璃。

图 4-1-13 所示为设计师 Marcel Buerkle 的 LUX FRUCTUS 概念果酒包装设计，精美的视网膜屏壁纸加上晶莹剔透的玻璃质感，打破了一般酒瓶包装设计的规则，让酒瓶的设计也如此时尚。

图 4-1-13　果酒包装设计

图 4-1-14 所示为 BEEloved 蜂蜜包装设计，外形为不规则钻石切割的多棱玻璃面设计，错落有致，质感华丽，让蜂蜜本身的晶莹剔透一览无遗，更加甜蜜诱人。透过绵密通透的蜂蜜，蜂巢似的内饰若隐若现，一股原汁原味之风扑面而来，让人欲罢不能，忍不住带上一瓶。

图 4-1-14　BEEloved 蜂蜜包装设计

5. 木材

木材是由裸子植物和被子植物的树木产生的天然材料，是人们生活中不可缺少的再生绿色资源。在设计中，可以充分利用木材的色调和纹理的自然美，连接方式多采用榫卯结构，不用钉子、少胶，既美观，又牢固，极富科学性，是科学与艺术的极好结合。

图 4-1-15 所示为挪威设计师在 2012 年日本东京设计趋势展上展出的一个设计主题项目“food work”，采用橡木材质，这些设计作品虽然是简洁的、普通的，但从中可以看出质朴的设计风格。

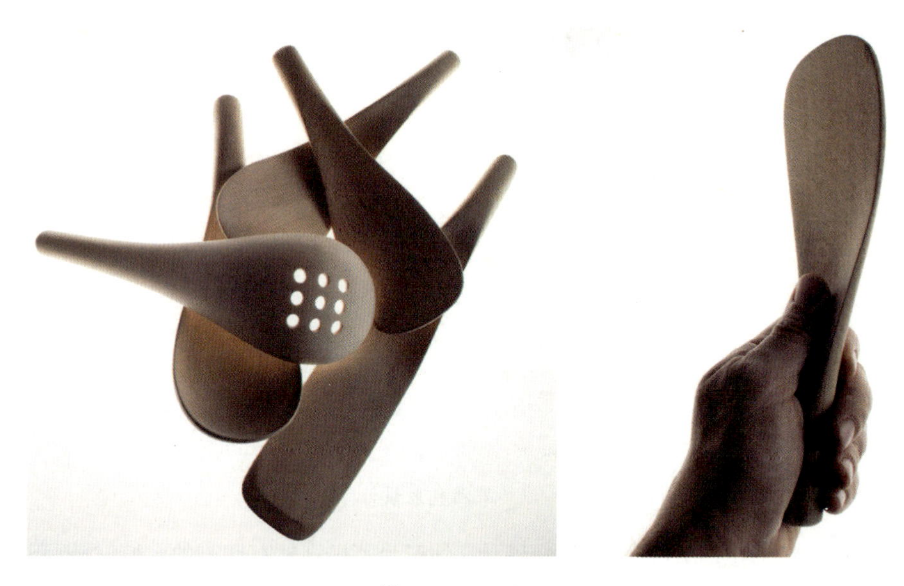

图 4-1-15　food work

图 4-1-16 所示为丹麦现代主义大师 Hans Wegner 设计的中国椅，椅子采用樱桃木和桃花木两种材料，他的设计灵感来源于中国明代的圈椅，将明椅的简洁优雅、材料及工艺的考究展现得一览无遗。

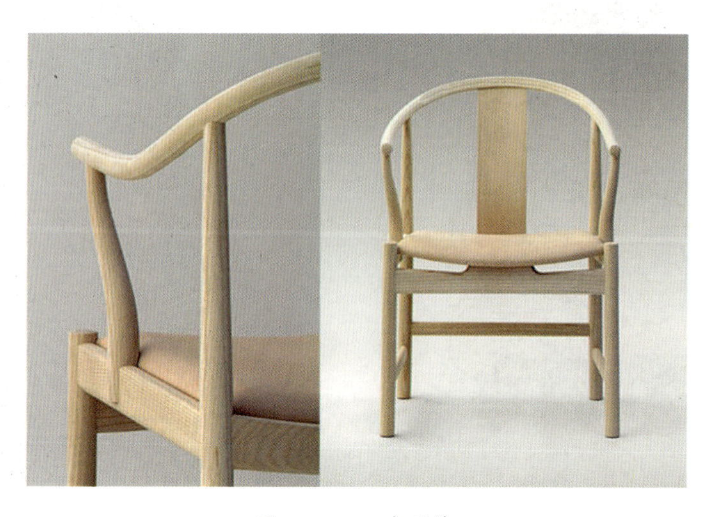

图 4-1-16　中国椅

图 4-1-17 所示为国行 Audeze LCD-2 耳机，它的平板振膜核心技术让它成为耳机领域的权贵，而实木耳机壳、羊皮耳垫及全金属架构等豪华用料，则让 LCD-2 成了当仁不让的贵族产品。

图 4-1-17　Audeze LCD-2 耳机

6. 皮革

皮是经脱毛和鞣制等物理、化学加工所得到的已经变性不易腐烂的动物皮。革是由天然蛋白质纤维在三维空间紧密编织构成的，其表面有一种特殊的粒面层，具有自然的粒纹和光泽，手感舒适。

图 4-1-18 中左图为手表，表带部分为真皮；右图为宝马 X6 内饰，为象牙白色 Nappa 皮革，彰显了内饰的豪华感。

图 4-1-18　真皮手表表带与真皮座椅

4.2 材质与质感

材质的质感是指材料给人的感觉和印象，是人对材料刺激的主观感受。它具有两个基本属性：一是生理的属性，即材料表面作用于人的触觉和视觉感觉系统的刺激性信息，如坚硬与柔软、粗犷与细腻等；二是物理的属性，即材料表面传达给人知觉的意义信息，如物体材质的类别、价值、性质、机能等。下面将介绍工业产品中常见的四种质感，以及其在工业产品中的运用。

1. 拉丝

拉丝可根据装饰需要，制成直纹、乱纹、螺纹、波纹和旋纹等几种。直纹拉丝是指在铝板表面用机械摩擦的方法加工出直线纹路。它具有刷除铝板表面划痕和装饰铝板表面的双重作用。乱纹拉丝是在高速运转的铜丝刷下，使铝板前后左右移动摩擦所获得的一种无规则、无明显纹路的亚光丝纹。波纹一般在刷光机或擦纹机上制取，多用于圆形标牌和小型装饰性表盘的装饰性加工。门板与电脑表面拉丝效果见图 4-2-1。

图 4-2-1　门板与电脑表面拉丝效果

图 4-2-2 所示为诺基亚 X3-02，它是一款实用时尚的音乐手机，首次在搭载个性键盘的直板设计上加入了触摸屏。它采用了经典的直板设计，外形纤薄而灵巧，机身厚度仅为 9.6mm，重量只有 77.4g，加上铝金属制成的金属背盖和现代感十足的拉丝表面，相当符合年轻人的口味。

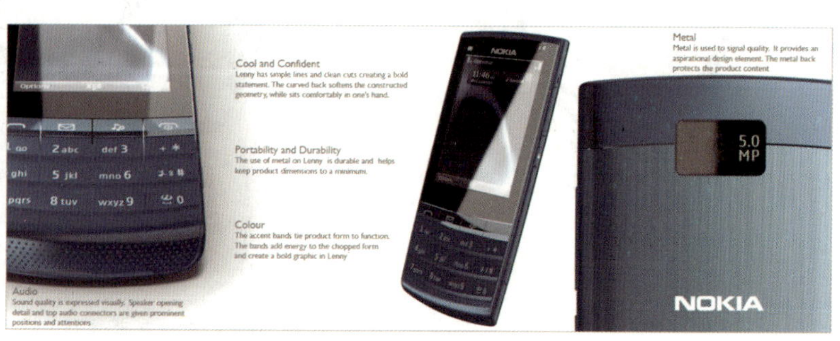

图 4-2-2　诺基亚 X3-02

2. 抛光

抛光是指利用机械、化学或电化学的作用，使工件表面粗糙度降低，以获得光亮、平整表面的加工方法。工作时，一般用附有磨料的布、皮革或木材等软质材料的轮子（或者用砂布、金属丝刷）高速旋转以擦拭工件表面，提高其表面光洁度。

图 4-2-3 中左图为经抛光处理的宝马 X6 汽车，右图为桌面震动音箱 imu，整体为温和而中性的设计，简洁平滑的表面易于清洁，同时将少量装饰元素运用于表面，打破了单一表面的单调。简练而实用的设计元素，帮助客户做到成本的有效控制。

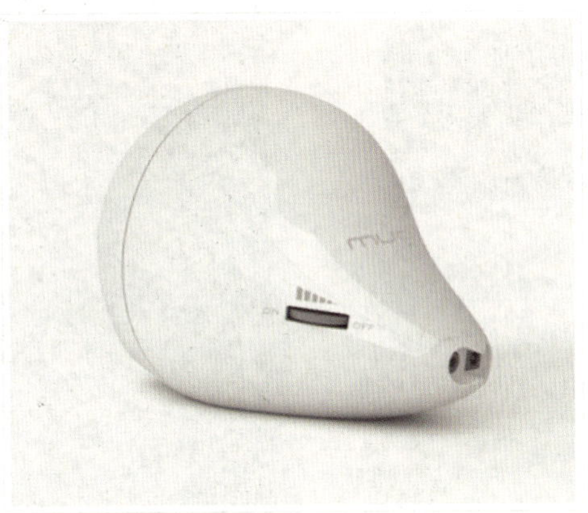

图 4-2-3　宝马 X6 汽车和 imu 音箱

图 4-2-4 所示为 Saeco 咖啡机，整体呈现圆润感，塑料外壳的抛光质感与橙黑的搭配相得益彰。

图 4-2-4　Saeco 咖啡机

3. 磨砂

磨砂是将原本表面光滑的物体变得不光滑，使光照射在表面形成漫反射状的一道工序。处理时是用金刚砂、硅砂、石榴粉等磨料对玻璃进行机械研磨或手动研磨，制成均匀粗糙的表面，也可以用氢氟酸溶液对玻璃等物体表面进行加工，所得的产品表面即为磨砂效果。

图 4-2-5 中左图为磨砂表面的飞利浦插卡迷你收音机；右图为飞利浦无线便携式音箱，体积只有手掌大小，无任何喷涂装饰，色彩表里如一，独特的弧形圆角设计和磨砂质感的表面处理，质感细腻，不仅让用户握在手中倍感舒适，还最大限度节约了使用空间。

图 4-2-5　飞利浦收音机与音箱

图 4-2-6 所示为欧爱设计的蒸汽式电熨斗，设计强调良好的抓握感受及便捷的使用方式。纯白的机体润滑光亮，磨砂的半透明水箱与机体形成材质对比，大而平的把手洞口便于移动操作。

图 4-2-6　蒸汽式电熨斗

4. 涂覆

涂覆指在产品表面覆盖上一层材料，如用浸渍、喷涂或旋涂等方法在产品表面覆盖一层光致抗蚀剂。

图 4-2-7 中左图为表面喷涂处理过的 MP3；右图为柴田文江为“au”设计的 Sweets 系列手机，意在表达孩子是父母的甜心，甜美的色彩和极具亲和力的表现让它荣获了 Good Design 奖。

图 4-2-7　MP3 和 Sweets 系列手机

图 4-2-8 所示为 SONY PCM-D50，内置可动式高灵敏度麦克风及各式精细加工的零件配备，并添加了诸如“预录音”、“滤波降噪”及“数码播放速度操控”等众多人性化的功能设计，方便专业人士录制各种现场演出及自然声音，同时还可以为专业级用户带来更高品质的音频享受。

图 4-2-8　SONY PCM-D50

4.3 材质与心理

材质本身是没有情感的，它的情感表现主要来自人们对材质所产生的心理感受。这样的心理感受主要表现为材质的情感联想性、材质的真实性和材质的自然性等。

1. 材质的情感联想性

石头、木头等传统材质会使人联想起朴实、自然、典雅的感觉，将这样的材质运用到产品中，会使产品带上一定的情感倾向。玻璃、钢铁、塑料等材料能体现出一定的现代气息。材质的相互配合也会产生对比、和谐、运动、统一等意义。

图 4-3-1 中左图为设计大师索特萨斯为奥利维蒂公司设计的便携式打字机，外壳为鲜艳的红色塑料，有一定雕塑感，人性化的设计风格令消费者青睐有加；右图为日本设计师柴田文江设计的医疗仪器，散发出生活质地细腻与关爱至上的理念，给人温暖的感觉，即便是电子产品，也展露出圆润、贴心、友善的设计风格，感性的创造让人怦然心动。

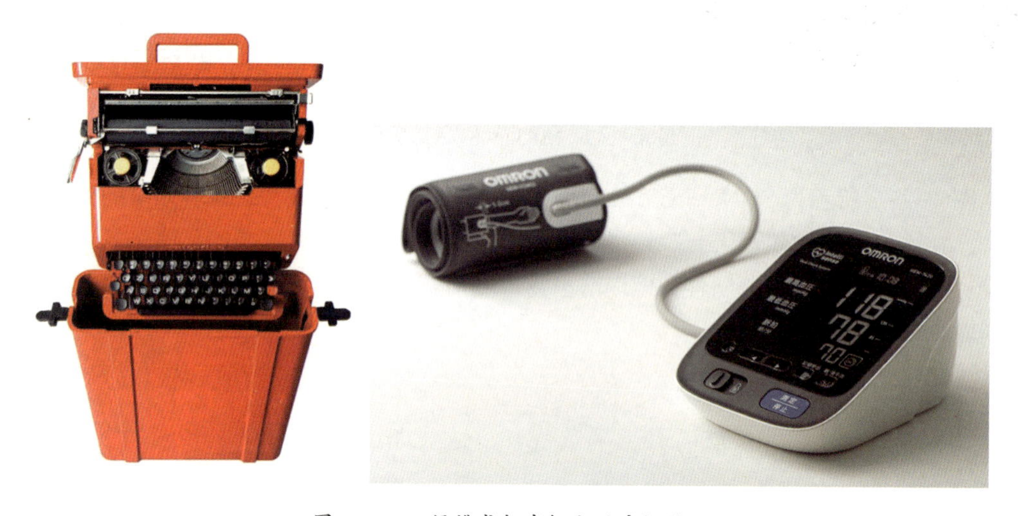

图 4-3-1　便携式打字机和医疗仪器

2. 材质的真实性

材质设计中效果与投入的时间不一定成正比。刻意加工过的材料，表面效果丰富了，但设计的价值不一定提高。在鉴赏力不断提高的今天，产品的美学观不仅仅局限于大工业时代的整齐化的工业美学，而且能够体现材质自然真实的本质即材质的本质美，这种材质的本质感美学不断得到世人的认可。

图 4-3-2 中左图为真实木质桌面和清水混凝土墙面，不加任何的表面处理，真实地体现了材质的本质美感；右图为北欧瑞典经典木质橡胶椅子家具设计。

图 4-3-2　木质产品

3. 材质的自然性

现代设计师常在工业产品中融入自然材质，使生命的神秘性和多样性能够在产品中得以延续。通过材料的调整和改变以增加自然神秘或温情脉脉的产品情调，使人产生强烈的情感共鸣。

图 4-3-3 中左图为汽车中控台，它使用胡桃木作为内饰材料，增添了汽车的典雅感和豪华感，突出了木材的天然性；右图为比利时非常出色的陶瓷艺术品，采用折纸一样的造型让陶瓷艺术品散发出另一种朴实、源于自然而又简洁的视觉感受。

图 4-3-3　汽车中控台和陶瓷艺术品

4. 材质的纯净性

材质的纯净性是一种纯净整洁的美。材质运用要保证材质的纯净性，将材质的本质美真实地表达出来。纯净是一种美，这种美来源于洁白，在产品中亦然，晶莹的水晶、光洁的表面、均匀的光影过渡都是纯净美在产品中的表现。

图 4-3-4 中左图为苹果电脑，显示出一种晶莹剔透的美感；右图为设计师吉冈德仁设计的椅子，在作品中大量使用白色和透明材质，因为“白色在东方世界意味着精神、空间和思考”，他善于对平凡的物体和材料进行反复的再创作，让它们有全新的面貌。

图 4-3-4　苹果电脑和椅子

5. 材质的工艺美

材质的工艺美是指材质美的来源是对材料工艺的遵循。用最简单的方法解决最复杂的问题是指材质的使用力求吻合材质的加工工艺。如以前的金属钣金件由锻打工人手工打造，而随着自动控制技术的运用、新材料工艺的形成，对材质也产生了影响。例如，冲压成型、拉伸成型工艺等，带来很多的改变，从而使形态肌理多样化。这些进步都建立在材料加工工艺的基础上，它们是真实的、合理的，也是美的。这种材质的美感来源于材质细致精湛的工艺。

图 4-3-5 中左图为金属产品，显示出一种强烈的现代科技加工的美感；右图为 1956 年 Dieter Rams 与 Hans Gugelot 合作设计的一种收音机和唱机的组合装置，该产品有一个全封闭的白色金属外壳，加上一个有机玻璃的盖子，被称为“白雪公主之匣”，设计完全没有装饰的形式特征，色彩上主张采取黑、白、灰的中性色彩，也体现一定的工艺美。

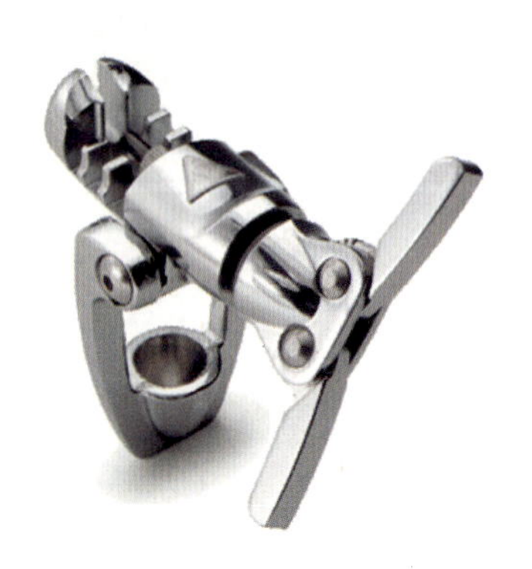

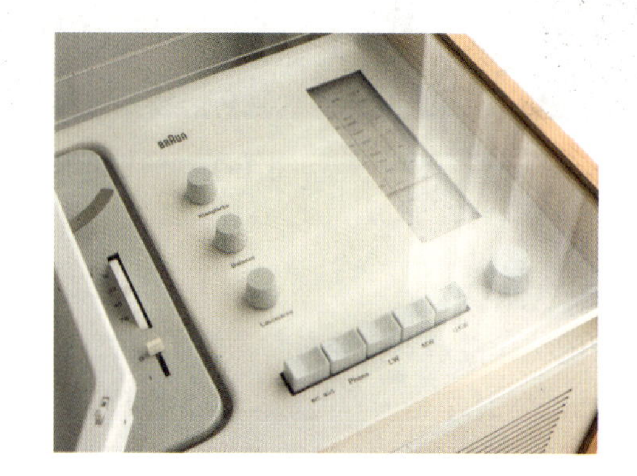

图 4-3-5　金属产品和组合装置

6. 材质的光学效应

材质的光学效应美是指材质的光泽源于材质对光的反射和折射。材质的视觉设计其实就是光的设计，每一种材质的光学效应是不同的，材料的不同，带给人视觉和触觉上的感受也不同。人们对材料的认识大都依靠不同角度的光线，光是造就各种材质美的先决条件，光不仅使材质呈现出不同的光泽度，还能展现材料本身所具有的特性。

图 4-3-6 所示为一款钢笔的设计，拉丝金属和半透明塑料相得益彰，显示出一种光学效应的美感。

图 4-3-6　拉丝金属和半透明塑料钢笔

第5章 产品设计评价

5.1 产品设计评价概述

在设计评价中，标准的确定不像田径比赛那样简单、明确。一方面，设计活动包含着复杂的市场、使用、文化、美学因素和个人的偏好，诸如什么是“美”的造型，什么又是“好”的产品，这些内容是无法用“绝对理性”的标准来衡量、评判的；另一方面，设计评价也不同于过分强调个人价值观和感受的艺术评价。产品设计活动在很大程度上依赖于技术和材料的可能性，如同对金属的韧性、塑料的强度、机电设备性能等因素都有着严格的技术限定，也就不可缺少相应的理性、量化的标准。

设计评价更类似艺术体操比赛中的裁判，在动作准确程度及难度系数评定的前提下，站在不同角度的裁判员们会根据自己的理解、经验和感受对运动员的技能和艺术表现力进行综合评价。这样的评价标准必然是定量与定性的融合，是对各种产生影响的因素进行权衡的结果。

5.2 德国设计评价标准

德国一直是工业设计领域的一面旗帜。从20世纪初的包豪斯时代起，“功能主义”的核心设计思想就成了主流的设计评价理念和精神标准。

德国工业设计评议会在20世纪80年代末到90年代初的设计评价标准（见表5-2-1）体现了德国设计的一贯精神，也从一个侧面反映了当时国际设计界的发展趋势。其中有些项目（如2、3、5、6项）是功能与形式问题的深入和延续，作为德国传统理性的设计准则被保留下来；而有些项目则被特别强调，如将“人机关系”作为首要标准提出，说明当时人与机器间的矛盾日益突出，通过设计活动协调这种冲突成为必然。

表 5-2-1　德国工业设计评议会的设计评价标准

序　号	德国工业设计评议会的设计评价标准（20 世纪 80~90 年代）
1	是否充分表明人机间的关系
2	造型和选用的材质是否合宜
3	与造型相配是否合宜
4	与所在环境是否有所关联
5	造型的目的及使操作者产生的感觉是否相符
6	表达功能的造型及其结构是否相符
7	如何保持造型概念的一致性

博朗公司是德国理想主义设计的经典代表，对博朗公司来说，“美”与“合理”、“简约”是不可分割的。这是他们的戒律。不仅如此，博朗公司的首席设计师兰姆斯试图将这一理念推而广之，去评判诸如家具、服装、汽车或其他家用电器等产品的设计。德国博朗公司有关“好设计”的十个标准见表 5-2-2。

表 5-2-2　德国博朗公司有关“好设计”的十个标准

序　号	博朗公司的十个标准（20 世纪 80 年代）
1	好设计是创造性的
2	好设计强化产品的使用特征
3	好设计是美的
4	好设计展现合理的结构特征；形式追随功能
5	好设计是不夸耀的
6	好设计是诚实的
7	好设计是耐用的
8	好设计是每个细节的合一
9	好设计具有生态意识
10	好设计就是少设计

德国斯图加特设计中心所提倡的设计评价标准见表 5-2-3，从中可以看出，自 20 世纪 90 年代开始，德国的设计评价标准在保持原有的功能主义内涵外，更显著地倾向对人性的关

注（如 1、2、3 项）；设计评价中的环境意识不断增强，表现为对产品废弃后回收的要求及产品用料的节省（如 9、10 两项）。

表 5-2-3　德国斯图加特设计中心的设计评价标准

序　号	德国斯图加特设计中心的设计评价标准（20 世纪 90 年代）
1	产品设计是否考虑到人性的尺度
2	造型和其潜在所表现的力量是否一致，也即产品是否便于操作或使用
3	操作时使用者是否受到免于受伤和危险的保护
4	选用的材质是否具有意义，是否达到预期要求
5	产品色彩是否与它所在的工作环境相合
6	产品功能是否通过简易的操作就能展现
7	目的和适用范围可否明确地被认知
8	标示所运用的色彩是否经过通盘考虑
9	在达到使用年限后产品的回收处理能否符合环保的要求
10	是否选用了满足产品自身要求且制作成本较低的材料

此外，在斯图加特设计中心提出的各项评价标准背后还有更为具体的标准细则，用以限定和解释标准的内容。比如，在评价一件产品的人机关系标准上又设定了以下具体标准：

（1）　产品与人体的尺寸、形状及用力是否配合；

（2）　产品是否顺手和好用；

（3）　是否防止了使用人操作时的意外伤害和错用时产生的危险；

（4）　各操作单元是否实用，各元件在安置上能否使其意义毫无疑问地被辨认；

（5）　产品是否便于清洗、保养及修理。

这种层次化的设置使得设计评价标准具有更强的操作性，便于在企业和设计组织中推广与应用。

德国“IF”工业设计大奖也享有高度的国际知名度，被誉为“设计界的奥斯卡”。其评价标准（见表 5-2-4）是对 21 世纪的德国设计理念最好的诠释，也具有更广泛的代表性。

表 5-2-4　德国“IF”工业设计奖中国区的评价标准

序　号	德国“IF”工业设计奖中国区的评价标准（2005 年度）
1	设计品质（Design Quality）
2	工艺（Workmanship）
3	材料选择（Choice of materials）
4	创新程度（Degree of innovation）
5	环境友好（Environmental friendliness）
6	功能性、人机工学性（Functionality，ergonomics）
7	使用上的视觉明晰性（Visualization of use）
8	安全性（Safety）
9	品牌价值和品牌营造（Brand value/branding）
10	技术与形式的分离（Technical and formal independence）

5.3 美国设计评价标准

我们将目光转向 20 世纪末的美国。美国工业设计师协会 IDSA 是国际著名的设计组织机构，它设立的工业设计年度奖“IDEA”对世界范围内的工业设计发展起到了积极的推动作用。

美国“IDEA”优秀工业设计奖的评奖标准见表 5-3-1，相对于德国来说，美国的商业利益指标是相当重要的评价标准，对材料工艺及产品制造性的要求普遍出现在各类评价标准中。

表 5-3-1　美国“IDEA”优秀工业设计奖的评奖标准

序　号	美国“IDEA”优秀工业设计奖的评奖标准（2005 年和 2006 年）
1	创新：设计如何的新颖和独特 Innovation:how is the design new and unique
2	美学：设计如何在形象上强化产品品质 Aesthetics:how does the appearance enhance the product
3	用户：设计如何为用户解决问题 User:how does the design solution benefit the user
4	环境：设计如何承担生态义务 Environment:how is the project environmentally responsible
5	商业：设计如何有助于客户的生意 Business:how did the design improve the client’s business

5.4 日本设计评价标准

日本的"G-Mark"设计奖是世界著名的设计大奖之一，日本"G-Mark"优秀设计奖评选标准见表 5-4-1。在 2006 年度的"G-Mark 奖"评选中，采用三个层次的标准来评价最为优秀的产品设计。第一层次是选择"好的设计"；第二层次是选择"优秀的设计"；第三层次是选择"引领未来的设计"。

表 5-4-1 日本"G-Mark"优秀设计奖评选标准

GOOD DESIGN AWARD　　日本"G-Mark"优秀设计奖评选标准（2006 年）

是好的设计吗？ →	是优秀的设计吗？ →	是引领未来的设计吗？
美学表现	优秀的设计概念	时代前瞻性方式的发掘
对安全的关怀	优秀的设计管理方式	引领下一代的全球标准
实用的	令人兴奋的形式表达	日本特色的设计引导
对使用环境的适应	整体设计的完美呈现	鼓励使用者的创造性
原创性	高质量地解决使用者的问题	创造下一代的新生活方式
满足消费者的需求	融入通用性设计的原则	促进新技术的发展
优越的性能价格比	呈现新的行为方式	引导技术的人性化
优越的功能性和操作性	明晰的功能性表达	对创造新产业、新商业的贡献
使用方便	对维护、改进、扩展的关注	提升社会价值和文化价值
具有魅力	新技术、新材料的巧妙应用	对拓宽社会基础的贡献
	采用系统创新的方式解决问题	对实现可持续社会的贡献
	善用高水平的技术优势	
	展现新的生产模式	
	体现新的供应和销售途径	
	引导地区产业的发展	
	促进人们交流的新方式	
	耐用的设计	
	体现生态设计原则	
	强调和谐的景象	

这里的评价标准一层比一层有着更加深刻的要求，体现了人们追求设计品质的不同境界。其中对"美学表现"的进一步评价深化为"优秀的设计概念"，并上升到"时代前瞻性方式的发掘"，说明了日本对设计的视觉感受、表现形式与设计的内在动机间关系的深刻理解。第一层次是对一般意义上"好的设计"的诠释。相对其他的评价标准，"G-Mark"设计奖更多地关注了人性化的特征（如优越的性能价格比）及情感因素（如具有魅力）。在第二层次中，评价标准对"好的设计"进行了更为深入的解读。其中不仅介入了先进的设计理念（如通用性设计、设计管理及生态设计原则等），还进一步强调了对人类新的行为方式、交流方式的改善和促进作用，并隐约暗示了设计对创造"和谐社会"景象的贡献。第三层次的标准

指出了设计理想主义的奋斗方向，即借用设计手段，可以创造新的标准、新的生活方式、弘扬民族文化、提升社会价值并指向人类可持续的社会发展方向。

5.5 中国台湾地区设计评价标准

中国台湾地区“行政院国家科学委员会”所提出的产品设计评价目标体系见表 5-5-1。

表 5-5-1　中国台湾地区设计评价标准

中国台湾地区“行政院国家科学委员会”（铭传大学商品设计系对产品的评价目标体系）			
设计策略方面	**设计管理力方面**	**设计分析力方面**	**设计评价方面**
企业识别体系	设计目标管理	产品分析	设计评价组织
产品形象建立	设计企划管理	操作界面分析	设计评价流程
设计策略定位	设计项目管理	市场分析（定位、趋势）	设计评价方法
设计策略企划	设计成本管理	生活形态分析	设计评价时机
设计策略拟定	设计工时管理	消费者分析	设计评价正确率
产品设计策略	设计品质管理	使用情境分析	**设计设备与协办厂方面**
产品系列化策略	设计规范建立	使用对象分析	设计计算机化设备
产品多元化策略	设计审核基准	人因分析	模型制作设备
产品线扩张策略	设计效应评估	造型分析	模具厂配合
产品线纵向策略	设计数据文件	构想方向分析	材料厂配合
新市场目标策略	**设计企划力方面**	量产可行性分析	模型制作厂配合
新技术创新策略	设计企划人员	SWOT 分析	经销商配合
成本降低策略	设计企划规格书	设计流行趋势分析	**产品设计实务诊断方面**
模具共享策略	设计企划流程	设计数据收集分析	产品功能诊断
产品附加价值策略	设计企划评估系统	**设计执行力方面**	产品技术诊断
造型创意策略	设计企划执行情形	工业设计知识与观念	产品分析诊断
造型印象策略	**设计程序方面**	设计企划能力	产品构想诊断
产品色彩策略	设计流程管理	设计方法运用能力	产品造型诊断
绿色设计策略	产品开发流程	创意（构想）展开方法	产品色彩诊断
设计组织与人力方面	工业设计流程	造型发展能力	产品包装诊断
工业设计专责部门	建立设计检核点	构想绘图表现能力	
采用产品研发设计小组	草模型制作	模型制作表达能力	
聘用专业工业设计人员	外观模型制作	设计评断与筛选能力	
培训工业设计人员	精致模型制作	色彩计划能力	
聘用专业设计公司	设计程序引入 CAD	产品平面视觉规划能力	
与设计学校建教合作		KT 法概念设计方法	
引进计算机辅助设计			

中国台湾地区设计评价以企业为中心，其中包括了对企业设计策略、设计组织与人力、设计管理、设计企划能力、执行能力等企业综合“设计力”的评估。该目标体系将绿色设计理念与消费者生活形态分析等内容有机地融入其中，形成了围绕企业经营活动的设计评价标准框架。

第6章 工业革命和现代设计的开端

手工艺设计阶段从原始社会后期开始，经过奴隶社会、封建社会一直延续到工业革命前。在数千年漫长的发展历程中，人类创造了光辉灿烂的手工艺设计文明，各地区、各民族都形成了具有鲜明特色的设计传统。在设计的各个领域，如建筑、金属制品、陶瓷、家具、装饰、交通工具等方面，都留下了无数的杰作。

6.1 中国手工艺设计

1. 陶器

陶器的发明是氏族社会形成后的一项重要成就。制陶是一种专门技术，应根据不同用途对原料进行加工。一般要选取细腻的黄土，淘去杂质，如需高温火烧，则要掺入沙子，以防燥裂。

农业和定居生活的发展，谷物的储藏和饮水的搬运，都需要新兴的容器，陶器这种新材料和新技术的出现，正好满足了新的功能要求（见图6-1-1）。

图6-1-1 陶器

图 6-1-2 所示为陕西半坡遗址出土的卷唇圜底盆。这种陶盆造型简洁优美而又非常实用，与现代的盆器很相似。卷唇的边缘既可增加强度，也方便了使用，隆起的圜底则使盆能在土坑中放置平稳。这种陶盆通常饰有鱼形花纹，是半坡彩陶最有代表性的装饰纹样。

图 6-1-2 卷唇圜底盆

彩陶中另一类常见的陶器是用于汲水和存水的小口尖底瓶（见图 6-1-3）。之所以为尖底，是由于这种瓶是固定于土坑中使用的。瓶的两耳位置适当，可用绳系住，口部也结有一根绳，以利提起时掌握重心，便于倒水和汲水，还能控制倒水量，因此使用功能很好。同时在瓶体上绘以各种图案，集实用与美观于一体。

鬲（lì）是陶器中最常见的煮食器皿，三足双耳鬲见图 6-1-4。因为自然界中并无三脚兽，故其形象并非模拟或写实，而是出于生活实用考虑。它的三条肥大而中空的款足是由早期陶鼎的三足演化而来的，这样在火上使用时便扩大了受热面积，缩短了烧煮时间。同时三条款足也起着灶的作用，形成稳定的支撑，使用方便。

甗（yǎn）是器物下部能煮、上部能蒸、蒸煮结合的器皿，其形态真实地反映了这一使用特点（见图 6-1-5）。

图 6-1-3 小口尖底瓶

图 6-1-4 三足双耳鬲

图 6-1-5 甗

豆是盘子加上一个高足，既便于取食，又便于挪动（见图 6-1-6）。簋（guì）是陶碗加上一个方形的座，圆和方的造型产生形式上的对比，而在使用上则更加稳定（见图 6-1-7）。

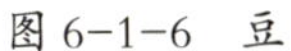

图 6-1-6　豆

图 6-1-7　簋

2. 青铜器

青铜在我国商代得以广泛应用。早期青铜器大都直接仿自陶器，体壁较薄，多为平底，足做成锥柱状，以后又逐渐演变（见图 6-1-8）。

图 6-1-8　青铜器

商、周时代的铜器多为礼器，形制精美，花纹繁密而厚重，多用细密的花纹为底，衬托高浮雕的主要纹饰。最常见的纹饰有云纹、雷纹、饕餮（tāo tiè）纹、蝉纹、圆圈纹等。这些精巧的雕饰，给人以富丽严肃的印象，花纹的题材可能与鬼神迷信相联系，也可能是反映民族徽记的残余。

战国时已有铜灯，到汉代铜灯制作达到鼎盛，其中虹管灯（称为金工灯）的设计水平极高。金工灯有虹管，灯座可以盛水，利用虹管吸收灯烟送入灯座，使之溶于水中，以防室内空气污染。汉代铜灯见图 6-1-9。

图 6-1-9　汉代铜灯

3. 漆器

汉代的漆器在技艺上达到了顶峰。漆器的生产由专门机构管理。漆器的设计已有了系列化的概念，如食器、酒器等，很多都是成套设计的。漆器的包装设计也颇具匠心，如多子盒（也称多件盒），往往有九子、十一子之多，即在一个大圆盒中，容纳不同形状的小盒，既节省空间又美观协调。

图 6-1-10 所示为西汉的云纹漆鼎，是木胎质地的，表面层为黑漆朱纹。图 6-1-11 所示为长沙出土的双层九子漆奁。漆奁分为上下两层，下层有凹槽九个，分别放置圆形、椭圆形、马蹄形和矩形小盒九个，小盒内分别盛放梳妆用具和胭脂一类的化妆品。

图 6-1-10　云纹漆鼎

图 6-1-11　双层九子漆奁

4. 瓷器

中国是瓷的故乡，早在商代就出现了原始的瓷器，经过长期发展，在宋代达到了鼎盛时期，也可以说宋代是“瓷的时代”，人们将宋代瓷器简称为“宋瓷”。从总体上来看，宋瓷造型简洁优美，器皿的比例尺度恰当，使人感到增一分则长，减一分则短，设计上达到了十分完美的程度。

图 6-1-12 所示为安徽宿松出土的宋代影青执壶，带有温酒器，是一件精美的制品。壶体上有细长的壶嘴和把手，壶盖作覆杯状，其上塑出蹲兽作为盖纽，温酒器为花瓣状的碗形，碗底还有一环堆贴的垂瓣。胎质洁白精细，釉色明澈青翠。

图 6-1-12　宋代影青执壶

图 6-1-13 所示为均窑所产海棠花盆，采用海棠花造型，形式优美，色泽可爱，体现了设计与使用目的的和谐统一。宋瓷在满足实用功能的前提下，在造型和装饰上多采用自然的题材。

图 6-1-13　海棠花盆

图 6-1-14 与图 6-1-15 分别为明代宣德一束莲纹大盘和明宣德青花三果纹执壶。到了明代，青花瓷成为瓷器的主流，尤以江西景德镇宣德青花瓷最为出色。宣德青花瓷瓷胎洁白细腻，青花颜料采用南洋传入的“苏泥勃青”，一束莲纹大盘色调深沉雅静，浓厚处与釉汁渗合成斑点，产生深浅变化的自然美。由于青花瓷器在制作工艺上是先在瓷胎上绘制图案，再上釉烧制，从而使图案受到保护，经久不坏。

图 6-1-14　一束莲纹大盘

图 6-1-15　青花三果纹执壶

5. 明代家具

唐朝以前人们大多席地而坐，宋朝时才渐渐采用桌椅。随着生活方式的改变，促进了家具工艺的发展，在明代达到鼎盛。其中主要的特色是：（1）注意材料质地，多用硬质树种，所以又称硬木家具；（2）充分体现木材的自然纹理与色泽，不加油漆；（3）注意家具造型，采用木构架的结构，与中国传统建筑的木构架很相似。

明代是中国家具设计的高峰时期，其局部与局部的比例、装饰与整体形态的比例都极为匀称而协调。如椅子、桌子等家具，其上部与下部，其腿子、枨子、靠背、搭脑之间，它们的高低、长短、粗细、宽窄，都令人感到无可挑剔地匀称、协调。并且与功能要求极相符合，没有多余的累赘，整体感觉就是线的组合。其各个部件的线条均呈挺拔秀丽之势，刚柔相济，线条挺而不僵，柔而不弱，表现出简练、质朴、典雅、大方之美。

明代家具大致有以下几大类：一为椅凳类（见图 6-1-16），有官帽椅、灯挂椅、圈椅、方凳等；二为几案类（见图 6-1-17）；三为床榻类（见图 6-1-18）；四为台架类（见图 6-1-19）；五为屏座类。

图 6-1-16　椅凳类

椅凳类包括不同种类的各式坐具，如：（1）杌凳（无束腰杌凳、有束腰杌凳、四面平杌凳等）；（2）坐墩；（3）交杌，俗称马扎，可以折叠，便于携带；（4）长凳（条凳、二人凳、春凳）；（5）椅（官帽椅、玫瑰椅、圈椅、靠背椅、交椅等）；（6）宝座（只有宫廷、寺院才有，而非一般家庭用具）。

图 6-1-17　几案类

几案类包括桌案与几，是五大类中品种最多的一类。大概可分为：（1）炕桌、炕几、炕案；（2）香几；（3）酒桌、朱桌；（4）方桌；（5）条桌案（条几、条桌、条案）；（6）宽桌案（书桌、画案）；（7）其他桌案（月牙桌、扇面桌、棋桌、琴桌、抽屉桌、供桌、供案）。

图 6-1-18　床榻类

只有床身，上面没有任何装置的卧具称为“榻”，有时也称为“床”或“小床”。床上后背及左、右三面安围子的叫“罗汉床”；床上有立柱，柱间安围子，柱子承顶子的叫“架子床”。

图 6-1-19　台架类

台架类家具或以陈设器为主，或以储藏器为主，或一器兼用。可分为：（1）架格，即以立木为足，取横板将空间分隔成多层的家具，有书架、物架、多宝格等；（2）亮格柜，即架柜结合在一起，常见形式是架格在上，柜子在下，齐人高或稍高；（3）圆角柜；（4）方角柜。

明代家具由于造型所产生的比例尺度，以及素雅质朴的美，使家具设计达到了很高的水平，成为中国古代家具的典范，对后世的家具设计产生了重大影响并波及海外。

6.2 国外手工艺设计

1. 古埃及设计

埃及是世界上最古老的国家之一。古埃及金字塔最成熟的代表是公元前 27—前 26 世纪建于开罗近郊的吉萨金字塔群，它由三座巨大的金字塔组成，都是精确的正方锥体，形式极其单纯（见图 6-2-1）。其中最大的一座是胡夫金字塔，高 146.5 m，底边长 230.6 m，是人类设计史上最辉煌的杰作之一。

图 6-2-1　吉萨金字塔群

古埃及的手工艺制作也很发达。石头是埃及主要的自然资源，劳动人民以异常精巧的手艺用石头来制造生产工具、日用家具、器皿甚至极其细微的装饰品。到中王国时期，青铜工具出现，铜质的锯、斧、凿、锤等工具开始使用，从而大大推动了手工艺的发展。从埃及的壁画和雕刻中，可以看到大量手工艺制作场面的描写（见图 6-2-2）。

图 6-2-2　古埃及壁画

现存古埃及旧王朝时期的家具，有从著名的吉萨金字塔中出土的赫特菲尔斯女王随葬的床和椅（见图 6-2-3）。床的造型非常别致，靠头的一端要稍稍高出。整个床用铜制的零件加以连接，必要时可以拆卸。古埃及家具几乎都带有兽形样的腿，而且前后腿的方向一致，这是古埃及家具与后来古希腊、罗马家具的一个重要区别。

图 6-2-4 所示为图坦卡蒙法老王座，这是古埃及最著名的家具，王座靠背上的贴金浮雕表现出墓主人生前的生活场景，王后正在给坐在王座上的国王涂抹圣油，天空中太阳神光芒四射。人物的服饰都是用彩色陶片和翠石镶成的，其结构严整，制作技术表现出了高度的精密性。

图 6-2-3　古埃及旧王朝时期的床和椅

图 6-2-4　图坦卡蒙法老王座

埃及早期的家具造型线条大都僵挺，包括靠椅的靠背板都是直立的。后期的家具背部加有支撑，从而变成弯曲而倾斜的形状，这表明埃及的设计师开始注意到了家具的舒适性（见图 6-2-5）。

图 6-2-5　加有斜撑的埃及靠椅

2. 古希腊的设计

古希腊时期留存下来的手工制品主要是陶器，其中以绘有红、黑两色的陶瓶最为有名。这些陶瓶的造型和工艺制作都极为精美。陶瓶上的绘画多反映当时人民生活和征战的情景，并以人物为主，人物面部多以侧面表示。

图 6-2-6 所示为希腊克里斯姆斯靠椅，是希腊家具中最杰出的代表。靠椅线条极其优美，从力学角度上来说是很科学的，从舒适的角度上来讲也是很优秀的，它与早期的希腊家具及埃及家具那种僵直线条形成了强烈对比。在任何地方只要有一件受希腊风格影响的家具存在，则它一定是这种优美线条的再现。

图 6-2-6　希腊克里斯姆斯靠椅

古希腊建筑的主要成就是纪念性建筑和建筑群的艺术形式的完美，其中最具代表性的作品就是柱式的设计。古希腊三大柱式见图 6-2-7。

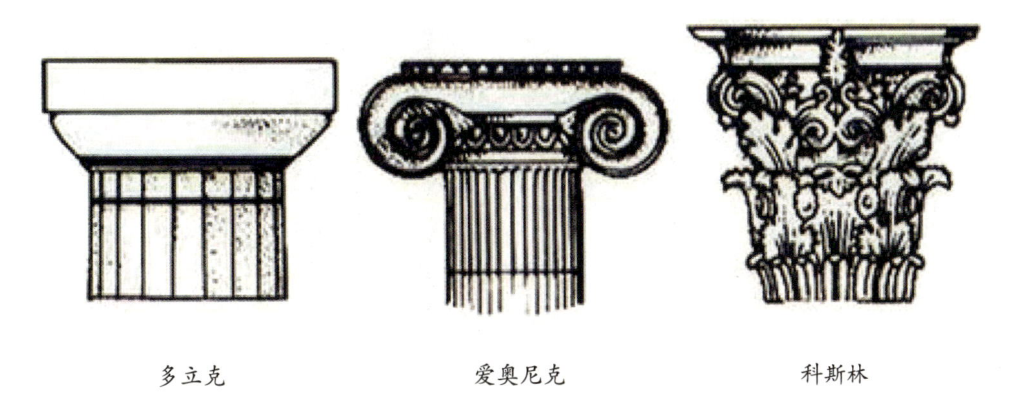

图 6-2-7　古希腊三大柱式

图 6-2-8 所示为帕提农神庙，建于公元前 447—前 438 年，是雅典守护神雅典娜的神庙。帕提农神庙代表着古希腊多立克柱式的最高成就。它比例匀称、刚劲雄健而全然没有丝毫的笨拙。柱头是刚挺、简洁的倒立圆锥台，柱身凹槽相交成锋利的棱角，没有柱础，具有男性的阳刚之美。

图 6-2-8　帕提农神庙

图 6-2-9 所示为雅典伊瑞克提翁神庙，是典型的希腊爱奥尼克柱式神庙，它建于公元前 421—前 405 年。这种柱式比较秀美华丽、轻快，柱头是精巧柔和的涡卷，柱棱上有一段小圆面，并带有复杂而富有弹性感的柱础，具有女性体态轻盈秀美的特征。

图 6-2-9　雅典伊瑞克提翁神庙

图 6-2-10 所示为雅典奥林帕斯山的宙斯神庙，采用科林斯柱式。四个侧面都有涡卷形装饰纹样，并围有两排叶饰，特别追求精细匀称，显得非常华丽纤巧。相对于爱奥尼克柱式，科林斯柱式的装饰性更强，但是在古希腊的应用并不广泛。

图 6-2-10　雅典奥林帕斯山的宙斯神庙

3. 古罗马的设计

罗马人喜欢壮丽的场面，所以罗马的建筑比希腊的更加雄伟壮观，如巨大的角斗场和万神庙等。这种爱好也同时反映在家具的设计中，其中从庞贝遗址挖掘出来的铜质家具是最杰出的代表。

图 6-2-11 所示为庞贝出土的三腿凳，从形式上来看，它们基本上没有脱离希腊家具的影响，尤其是三脚的鼎和凳还保持着明显的希腊风格，但在装饰纹样上显出一种潜在的威严之感。罗马家具的铸造工艺已经达到了使人惊叹的地步，许多家具的弯腿部分的背面都被铸成空心的，这不但减轻了家具的重量，而且强度也较高。

图 6-2-11　庞贝出土的三腿凳

6.3 欧洲中世纪的设计

1. 哥特式风格

中世纪设计的最高成就是哥特式教堂。13 世纪后半期，以法国为中心的哥特式建筑风格风靡欧洲大陆。哥特式又称高直式，它以其垂直向上的动势为设计特点，广泛地运用簇柱、浮雕等层次丰富的装饰。这种建筑符合教会的要求，高耸的尖塔把人们的目光引向虚渺的天空，使人忘却现实而幻想于来世。法国的巴黎圣母院、德国的科隆大教堂都是哥特式建筑设计的杰出代表（见图 6-3-1~ 图 6-3-4）。

图 6-3-1　哥特式建筑以尖拱取代了罗马式圆拱

图 6-3-2　教堂的窗户上有彩色玻璃宗教画

图 6-3-3　巴黎圣母院

图 6-3-4　科隆大教堂

哥特式风格对于手工艺制品，特别是家具设计产生了重大影响。哥特式家具着意追求哥特式建筑的神秘效果。最常见的手法是在家具上饰以尖拱和高尖塔的形象，并着意强调垂直向上的线条。哥特式风格家具的典型——马丁王银座见图 6-3-5。

风格一反文艺复兴时代艺术的庄严、含蓄、均衡而追求豪华、浮夸和矫揉造作的表面效果，它突破了古典艺术的常规。这种设计风格集中体现于天主教的教堂上，并影响到了家具和室内设计。

巴洛克式设计刻意追求反常出奇、标新立异的形式。其建筑设计常采用断裂山花或套叠山花，有意使一些建筑物局部不完整，在构图上节奏不规则地跳跃，常用双柱，甚至以三根柱子为一组，开间的变化也很大。在装饰上，巴洛克式喜欢用大量的壁画和雕刻，璀璨缤纷，富丽堂皇，富有生命力和动感。巴洛克式风格建筑圣卡罗教堂见图 6-3-9。

图 6-3-9　圣卡罗教堂

早期巴洛克式家具的最主要特征是用扭曲形的腿部来代替方木或旋木的腿。这种形式打破了历史上家具的稳定感，使人产生家具各部分都处于运动之中的错觉。后来的巴洛克式家具上出现了宏大的涡形装饰，比扭曲形柱腿更为强烈，在运动中表现出一种热情和奔放的激情（见图 6-3-10、图 6-3-11）。但是，巴洛克式的浮华和非理性的特点一直受到非议。

图 6-3-10　巴洛克式家具

图 6-3-11　巴洛克式风格的现代产品

4. 洛可可式风格

洛可可（Rococo）的原意是指岩石和贝壳，特指盛行于 18 世纪法国路易十五时代的一种艺术风格，主要体现于建筑的室内装饰和家具等设计领域（见图 6-3-12）。

图 6-3-12　洛可可式建筑

其基本特征是具有纤细、轻巧的妇女体态的造型，华丽和烦琐的装饰，在构图上有意强调不对称。装饰的题材有自然主义的倾向，最喜欢用的是千变万化舒卷着、纠缠着的草叶，此外还有蚌壳、蔷薇和棕榈。洛可可式的色彩十分娇艳，如嫩绿、粉红、猩红等，线脚多用金色。洛可可式风格的家具及产品见图 6-3-13~ 图 6-3-15。

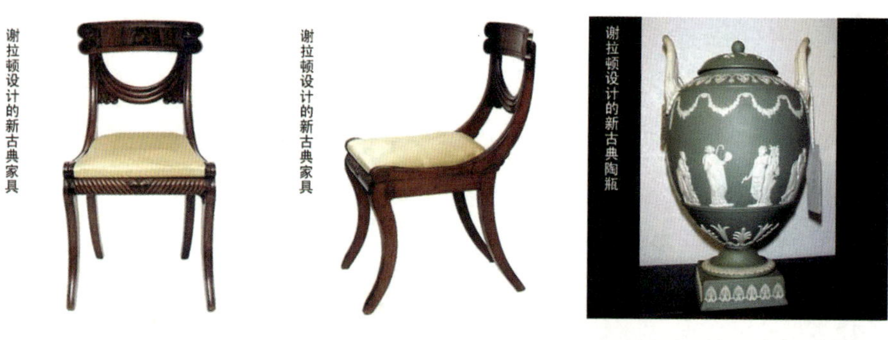

图 6-4-2 英国谢拉顿设计的新古典家具

2. 浪漫主义

浪漫主义（Romanticism）是 18 世纪下半叶至 19 世纪上半叶活跃于欧洲艺术领域的另一主要艺术思潮。浪漫主义始源于工业革命后的英国，一开始就带有反抗资本主义制度与大工业生产的情绪，它回避现实，向往中世纪的世界观，崇尚传统的文化艺术。浪漫主义在要求发扬个性自由、提倡自然天性的同时，用中世纪艺术的自然形式来对抗机器产品。浪漫主义追求非凡的趣味和异国情调，特别是东方的情调。

1790 年生产的纺车见图 6-4-3。这是稍后一段时间制作的一架纺车，设计雅致、线条简洁，用桃花心木镶以椴木制成。但它只是一件客厅的摆设，因为当时机器已经完全代替了纺车。

图 6-4-3 1790 年生产的纺车

图 6-4-4 所示是与图 6-4-3 所示纺车同一时期用青龙木制成的英国 18 世纪晚期的手摇胡椒磨，它很坚固实用。之所以选用珍贵的木料，既是因为它非同寻常的坚固性，也是为了它漂亮的质地。

图 6-4-4　英国 18 世纪晚期的手摇胡椒磨

3. 切普代尔与家具业

切普代尔出身木匠世家，他于 1753 年在伦敦开设了自己的产品展厅，就此开创了自己的事业。

1754 年，切普代尔出版了样本图集《绅士与家具指南》，作为公司的广告宣传。这本书中家具插图包括了从古典式、洛可可式、中国式直到哥特式的各种风格（见图 6-4-5）。

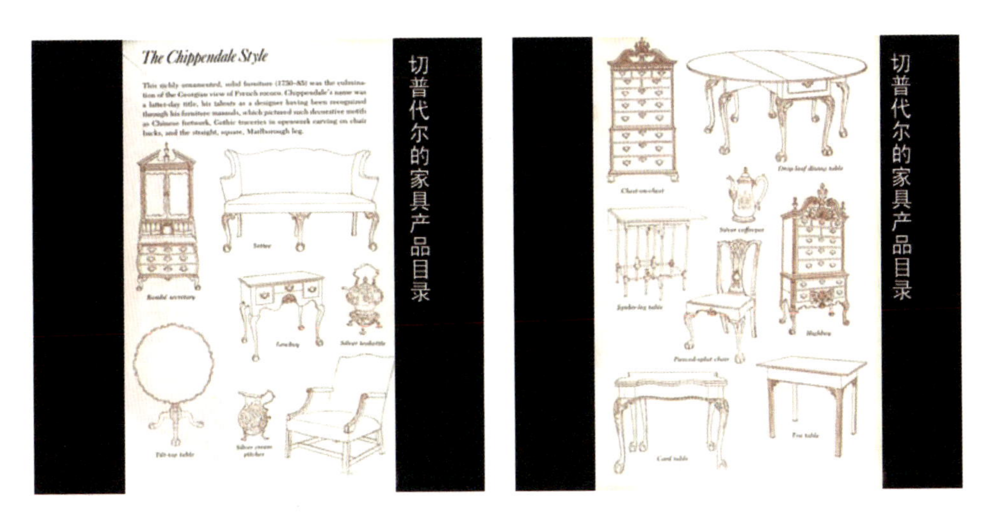

图 6-4-5　《绅士与家具指南》图集

5. 保尔顿及其小五金工业

伯明翰的小五金产品种类很多，主要有金属纽扣、扣环、表链、墨水台、别针、牙签盒、烛台等。保尔顿于 1759 年继承父业后，决心面对市场的激烈竞争，生产出比对手质量更高、更便宜的产品。为此，保尔顿结识了一直在研究蒸汽动力的詹姆斯·瓦特，并决定投资蒸汽机。从 1776 年起，瓦特和保尔顿将蒸汽机应用到了许多工业生产之中。这一革新的作用是十分重大的，使得新的批量生产方式迅速发展起来。

保尔顿的设计方法是迎合市场的流行趣味。在他的产品中，既有仿洛可可式风格的水瓶（见图 6-4-10），也有新古典简洁优雅风格的烛台（见图 6-4-11），体现了多样化的市场策略。

图 6-4-10　带羽饰的洛可可式风格的水瓶

图 6-4-11　新古典风格的烛台

6.5 机械化与设计

1. 技术与设计的革新

图 6-5-1 所示为瓦特蒸汽机，现藏于伦敦科学博物馆，产生于 19 世纪初。整个机器简洁而朴素，没有任何附加的装饰，其结构形态能真实反映出各部分的实际功能，显示了设计者对于自己创造的充分自信。

工业技术的发展提出了更高的精度要求，因此数学成了基本的工具，几何学提供了获得必要的精确性所需的三度空间形式，因而产生了一种新的设计语言。但是，尽管有机械功能和使用上的限制，形式的处理和安排仍有多种可能性，这就为美学判断甚至装饰提供了机会。

图 6-5-1　19 世纪初的瓦特蒸汽机

图 6-5-2 所示为 1867 年建造的新古典风格的蒸汽机，使用古典柱式作为框架，就很难说是机器功能的必然体现。设计师认为这类具有几何特点的流行形式作为一种装饰手段是合适的，它并不会有损于实用功能。

图 6-5-2　1867 年建造的新古典风格的蒸汽机

工业革命后最早出现的大型机器几乎全是用木材制造的，发明家们全神贯注于实现机器的机械功能而无暇顾及机器的外观。19 世纪初，布鲁勒为普茨茅斯皇家船厂大批量制造滑轮设计了一系列机床（见图 6-5-3），这是机床设计发展的一个里程碑。这些机床全是用金属制造的，很坚固，加工精度也高，并成了后来机床生产的范本。

设计方案。他采用装配温室的方法建成了“水晶宫”玻璃铁架结构的庞大外壳。“水晶宫”总面积为 7.4 m×104 m；建筑物总长度达到 563 m（1851ft），用以象征 1851 年建造。其外形为一简单的阶梯形长方体，并有一个垂直的拱顶，各面只显出铁架与玻璃，没有任何多余的装饰，完全体现了工业生产的机械特色。在整座建筑中，只用了铁、木、玻璃三种材料，施工从 1850 年 8 月开始，到 1851 年 5 月 1 日结束，总共花了不到 9 个月时间便全部装配完毕。“水晶宫”的出现曾轰动一时，人们惊奇地认为这是建筑工程的奇迹。博览会结束后，“水晶宫”被移至异地重新装配，1936 年毁于大火。

“水晶宫”是 20 世纪现代建筑的先声，是指向未来的一个标志，是世界上第一座用金属和玻璃建造起来的大型建筑，并采用了重复生产的标准预制单元构件（见图 6-6-1）。与 19 世纪其他的工程杰作一样，它在现代设计的发展进程中占有重要地位。

图 6-6-1　伦敦“水晶宫”外景和内景

2. 拉斯金的设计思想

对于 1851 年伦敦“水晶宫”国际工业博览会最有深远影响的批评来自拉斯金及其追随者。他们对中世纪的社会和艺术非常崇拜，对于博览会中毫无节制的过度设计甚为反感。但是他们将粗制滥造的原因归罪于机械化批量生产，因而极力指责工业及其产品。

拉斯金为建筑和产品设计提出了若干准则，这成为后来工艺美术运动（Arts and Crafts）的重要理论基础。这些准则主要是：（1）师承自然，从大自然中汲取营养，而不是盲目地抄袭旧有的样式；（2）使用传统的自然材料，反对使用钢铁、玻璃等工业材料；（3）忠实于材料本身的特点，反映材料的真实质感。

3. 莫里斯的理论与实践

拉斯金思想最直接的传人是莫里斯。莫里斯继承了拉斯金的思想，但他不只是说教，而是身体力行地用自己的作品来宣传设计改革。在他的影响下，英国产生了一个轰轰烈烈的设计运动，即工艺美术运动。

为了给新婚家庭安排起居，莫里斯跑遍了大小商店，居然无法买到一件使他感到满意的家具和其他生活用品。在几位志同道合的朋友的合作下，他自己动手按自己的标准设计制作家庭用品，用来装修由韦伯设计的住宅“红屋”（见图 6-6-2）。红屋建成后，他们建立了自己的商行，自行设计产品并组织生产。莫里斯商行生产的“苏塞克斯”椅见图 6-6-3。他们创作的家具、墙纸、染织品等，是他们新的设计思想的第一次尝试。莫里斯步拉斯金的后尘，继承了他忠实于自然的原则，并在美学上和精神上都以中世纪为楷模。

图 6-6-2　红屋

图 6-6-3　莫里斯商行生产的“苏塞克斯”椅

4. 工艺美术运动

莫里斯的理论与实践在英国产生了很大影响，一些年轻的艺术家和建筑师纷纷效仿，进行设计的革新，从而在 1880—1910 年间形成了一个设计革命的高潮，这就是所谓的“工艺美术运动”。

沃赛虽不属于任何设计行会，但他却是工艺美术运动的中心人物，在 19 世纪最后 20 年间，他的设计很有影响。沃赛的家具设计多选用典型的工艺美术运动材料——英国橡木，而不是诸如桃花心木一类珍贵的传统材料。他的作品造型简练、结实大方并略带哥特式意味（见图 6-6-4）。从 1893 年起，他花了大量精力出版《工作室》杂志。这份杂志成了英国工艺美术运动的喉舌，许多工艺美术运动的设计语言都出自沃赛的创造，如心形、郁金香形图案，都可以在他的橡木家具和铜制品中找到（见图 6-6-5）。

工艺美术运动对于设计改革的贡献是重要的，它首先提出了“美与技术结合”的原则，主张美术家从事设计，反对“纯艺术”。另外，工艺美术运动的设计强调“师承自然”、忠实于材料和适应使用目的，从而创造出了一些朴素而适用的作品。但工艺美术运动将手工艺推向了工业化的对立面，这无疑是违背历史发展潮流的，由此使英国设计走了弯路。英国是最早工业化和最早意识到设计重要性的国家，但却未能最先建立起现代工业设计体系，原因正在于此。

新艺术运动十分强调整体艺术环境，即人类视觉环境中的任何人为因素都应精心设计，以获得和谐一致的总体艺术效果。从根本上来说，新艺术并不反对工业化。新艺术的理想是为尽可能广泛的公众提供一种充满现代感的优雅，因此，工业化是不可避免的。

新艺术风格的变化是很广泛的，在不同国家、不同学派具有不同的特点；使用不同的技巧和材料也会有不同的表现方式。但新艺术运动的实际作品很少完全实现其理想，有时甚至陷于猎奇的手法主义。新艺术在本质上仍是一场装饰运动，但它用抽象的自然花纹与曲线，脱掉了守旧、折中的外衣，是现代设计简化和净化过程中的重要步骤之一。

2. 比利时的新艺术运动

新艺术运动的发源地是比利时。比利时新艺术运动最富代表性的人物有两位，即霍尔塔和威尔德。霍尔塔是一位建筑师，他在建筑与室内设计中喜用葡萄蔓般相互缠绕和螺旋扭曲的线条，这种起伏有力的线条成了比利时新艺术的代表性特征，被称为“比利时线条”或“鞭线”。这些线条的起伏常常是与结构或构造相联系的。霍尔塔于 1893 年设计的布鲁塞尔都灵路 12 号住宅（见图 6-7-1）成为新艺术风格的经典作品。

图 6-7-1　霍尔塔设计的布鲁塞尔都灵路 12 号住宅

威尔德的职业是画家和平面设计师，他的作品从一开始就具有新艺术流畅的曲线韵律。作为设计师，他的第一件作品是在布鲁塞尔附近为自己建造的住宅。威尔德后来去了德国，他在德国设计了一些体现新艺术风格的银器和陶瓷制品（见图 6-7-2），简练而优雅。在威尔德身上存在着两种不同的冲动，一种是热烈而具有生命力的，另一种是简洁、清晰和功能主义的，体现在其设计的基本结构上（见图 6-7-3）和他的著作中。

图 6-7-2　威尔德设计的银质刀叉和瓷盘

图 6-7-3　威尔德新艺术风格的家具和室内设计

3. 其他的新艺术流派

法国新艺术最重要的人物是宾，1895 年 12 月，他在巴黎开设了一家名为“新艺术之家”的艺术商号，并以此为基地资助几位志趣相投的艺术家从事家具与室内设计工作。这些设计多采用植物弯曲回卷的线条，不久遂成风气，新艺术由此而得名。

另一位法国新艺术的代表人物是吉马德。19 世纪 90 年代末至 1905 年间是他作为法国新艺术运动重要成员进行设计的重要时期。吉马德最有影响的作品是他为巴黎地铁所进行的设计（见图 6-7-4）。

图 6-7-4　吉马德设计的巴黎地铁入口

这些设计赋予了新艺术最有名的戏称——“地铁风格”。“地铁风格”与“比利时线条”颇为相似，所有地铁入口的栏杆、灯柱和护柱全都采用了起伏卷曲的植物纹样。

除巴黎以外，法国的南锡市也是一个新艺术运动的中心。南锡的新艺术运动主要是在设计师盖勒的积极推动下兴起的。他将新艺术的准则应用到了彩饰玻璃花瓶的设计上（见图 6-7-5），在花瓶表面饰以花卉或昆虫，花饰强烈，往往超出纯装饰的范畴，使设计具有特别的生命活力。盖勒在自己的身边聚集了一批艺术家，形成了南锡学派并进行玻璃制品、家具和室内装修设计，影响较大。盖勒设计的新艺术风格的家具见图 6-7-6。

图 6-7-5　盖勒设计的彩饰玻璃花瓶

图 6-7-6　盖勒设计的新艺术风格的家具

在整个新艺术运动中最引人注目、最复杂、最富天才和创新精神的人物出现于一个与英国文化与趣味相距甚远的国度，他就是西班牙建筑师戈地。他以浪漫主义的幻想极力使塑性艺术渗透到三度空间的建筑之中去。他吸取了东方的风格与哥特式建筑的结构特点，并结合自然形式，精心研究着他独创的塑性建筑。

戈地于 1906—1910 年设计的巴塞罗那米拉公寓（见图 6-7-7），其整体结构由一种蜿蜒蛇曲的动势所支配，体现了一种生命的动感，宛如一尊巨大的抽象雕塑。由于不采用直线，在使用上颇有不便之处。

图 6-7-7　巴塞罗那米拉公寓

第7章 现代设计运动

现代设计运动主要是指1915—1939年间即第二次世界大战时期的设计运动，它是现代工业设计在经历了漫长的酝酿阶段后走向成熟的时代，这一时期，设计流派纷纭，杰出人物辈出，为现代工业设计的繁荣奠定了基础。

此时商业发展与市场的扩大，新材料的涌现，城市化引起的消费热潮及大批量生产方式走向成熟影响着设计的发展，而两种设计观念，理想化和实用主义设计思想则各自平行发展。

7.1 国际现代主义兴起

“二战”期间，标准化、流水线的采用，使产品成本大大降低，从而使很多普通人都能享用产品。随着工业的稳步发展，企业竞争加剧，诸多博览会召开，意味着用户会通过比较研究同类商品、综合所有信息做出购买判断，因此，生产商就必须强调商品的中心点，加大对工业设计的重视程度。

1. 德意志制造联盟（DWB）

工业设计真正在理论上和实践上的突破，来自1907年10月成立的德意志制造联盟。这是一个积极推进工业设计的舆论集团，由一群热衷设计教育与宣传的艺术家、建筑师、设计师、企业家和政治家组成。组织的目标是“通过艺术、工业与手工业的合作，用教育、宣传及对有关问题采取联合行动的方式来提高工业劳动的地位”。联盟表明了对工业的肯定和支持态度。制造联盟的创始人有穆特修斯、威尔德等，中心人物和实践者是彼得·贝伦斯。制造联盟的设计师进行了广泛的工业设计。联盟希望将标准化与批量生产引入工业设计中，对欧洲的工业设计发展起到了积极的作用。德意志制造联盟于1924年解散。

图 7-1-1 中，左图为贝伦斯于 1909 年为通用电气公司（AEG）设计的透平机制造车间与机械车间，造型简洁，摒弃了任何附加的装饰，被称为第一座真正的现代建筑；右图为贝伦斯为 AEG 设计的标志，一直沿用至今，并成了欧洲最著名的标志之一。

图 7-1-1 透平机制造车间与机械车间和 AEG 标志

图 7-1-2 中，左图为贝伦斯于 1908 年设计的台扇；右图为他设计的电水壶，古典形式和手工艺的痕迹依稀可见，电水壶的表面处理就反映了这一点，虽为机制产品而表面看上去却有些像手工锻打而成的。贝伦斯的多数产品都是非常朴素而实用的，并且正确体现了产品的功能、加工工艺和所用的材料，他作为现代工业设计的先驱是当之无愧的。

图 7-1-2 贝伦斯设计的台扇和电水壶

2. 国际现代主义

20 世纪前 30 年代，世界范围特别是欧美国家展开了国际现代主义运动，它的实质是一场工业设计运动。现代主义以设计上的诚挚与理性思考取代了新艺术运动中狂热的设计梦想，科学性取代了艺术性，称为“机械化时代的设计美学”。影响现代主义风格的重要因素是建筑技术的发展。建筑界倾向新材料、新造型，促成了所谓“新建筑”运动的出现，与现代主义运动是一脉相承的。

国际现代主义重视建筑的功能，以功能作为设计出发点，讲究设计的科学性，注重建筑使用时的方便、舒适、效率，注重发挥新型建材和建筑结构的性能特点，力图以最低限度的人力和物力达到最大限度的建筑完美性。对于传统风格，它持反对态度，主张根据功能与新材料来创造新的式样，使功能与形式统一。德国的格罗皮乌斯、美国的米斯·凡·德洛及法国的勒·柯布西耶是新建筑运动的先驱。

图 7-1-3 中，左图为格罗皮乌斯设计的德国法古斯工厂，开创性地运用功能美学原理，大面积使用玻璃构造幕墙，这一特点不仅对包豪斯设计学院的作品风格产生了深远影响，也成为欧洲及北美建筑发展的里程碑；右图为他设计的包豪斯校舍，创造性地运用现代建筑设计手法，从实用功能出发，按各部分的实用要求及其相互关系定出各自的位置和体型，并用钢筋、混凝土和玻璃等新材料突出了材料的本色美。在建筑结构上，格罗皮乌斯充分运用窗与墙、混凝土与玻璃、竖向与横向、光与影的对比手法，使空间形象显得清新活泼、生动多样。

图 7-1-3 法古斯工厂和包豪斯校舍

图 7-1-4 中，左图为米斯·凡·德洛于 1929 年设计的巴塞罗那椅，优雅而单纯的现代家具和国际博览会的德国馆成了现代建筑和设计的里程碑，也体现了他提出的“少即是多”的设计观点；右图为他于 1927 年设计的著名的魏森霍夫椅，体现了其长于钢管椅设计。

图 7-1-5 中，左图为勒·柯布西耶于 1925 年在巴黎世博会上设计的新精神馆，大胆抛弃繁缛浮华的装饰，崇尚简洁清新的风格，完美诠释了著名的“新建筑五原则”理论，试图最大限度地利用场地，尽可能使用标准化批量生产的构件和五金件，提供了一幅现代生活的

预想图；右图为勒·柯布西耶设计的萨伏伊别墅，也体现了他的新建筑特点。

图 7-1-4　巴塞罗那椅和魏森霍夫椅

图 7-1-5　新精神馆和萨伏伊别墅

7.2 影响国际现代主义的主要流派

1. 美术革命

20 世纪初一些先进的艺术家追求不受过去传统束缚的自由奔放的艺术制作，这个动向的导火索是主张将一切束缚从艺术家身上解除的野兽派。1905 年，在巴黎秋季沙龙展出的马蒂斯等人的画作，以解放性或二度空间的平面手法呈现出色彩强烈的风格，野兽派名称由此而来。

而与此对立的是立体主义画派，主张从造型上来表现对象世界，毕加索是其代表人物之一。他受到后印象派巨匠塞尚的启发，将自然界的对象物通通还原成几何造型的基本形态，后期综合立体主义阶段则趋向于与机器美学相联系的几何化。

未来主义于“一战”前形成于意大利，否定一切文化与民族传统，表现机械文明下的速度、激烈的运动，表现非常强烈的音响效果，强调创作时的灵感、心灵的震颤和高耸的空间，马里内蒂、勒加和卡洛·卡拉是其代表人物。立体主义和未来主义都把普通批量生产作为一种艺术品来表现，它们对于机器美学的爱好必然对设计产生了影响。

图 7-2-1 中，左图为马蒂斯的画作《舞》，在这幅画中仅用三种色彩，即红色人体、绿色地面和蓝色天空，这三种在量感和分布上平衡、和谐的色彩，与构成人物的富有节奏、韵律的线条浑然一体，从而散发出动人的艺术魅力；右图为马蒂斯的画作《红色的餐桌》，他放弃了透视法则，朝简化绘画方向迈出了重要一步。这幅画在大块平涂的红色上，映衬了黄色的水果，棕黄色的椅子、窗框、妇女的头发，绿色的草坪，白色的衣领、袖口等。这些不同明度、不同冷暖、不同形状的色块，互相呼应、对比衬托，使人感到温暖、舒适，得到视觉上的满足。

图 7-2-1　马蒂斯的画作《舞》和《红色的餐桌》

图 7-2-2 中，左图为毕加索的画作《梦》，这幅画作于 1932 年，是毕加索对精神与人体的爱的最完美的体现；中间图为《亚威农的少女》，这幅画颠覆了他过去具象写实的传统手法，成为立体主义的先声，人物扭曲变形到几乎难以辨认，完全没有所谓体积和质感的表现，只有被粗硬的直线、微曲的弧线和色面切割成的画面，人们只能从中依稀辨认出五个女体的存在；右图为《镜子前的少女》，继续继承了他的立体主义画风。

图 7-2-2　毕加索的画作《梦》、《亚威农的少女》和《镜子前的少女》

图 7-2-3 中，左图为勒加于 20 世纪 20 年代所作的一幅画《机械的要素》，体现了机器是抽象的基础的立体主义观点；右图为卡洛·卡拉于 1914 年所作的纸板拼贴画《爱国庆祝会》，该作品使用的材料是各种字体不同的书报、杂志、乐谱等印刷品，卡洛·卡拉将它们剪裁、拼贴，并用鲜明的颜色加以组构，形成色调温暖明快且充满动感的图案。

图 7-2-3　画作《机械的要素》和纸板拼贴画《爱国庆祝会》

2. 荷兰风格派运动

风格派是活跃于 1917—1931 年间以荷兰为中心的一场国际艺术运动。风格派的一个共同的出发点就是绝对抽象的原则，也就是说艺术应完全消除与任何自然物体的联系，而用基本几何形象的组合和构图来体现整个宇宙的法则——和谐。这种对和谐的追求是风格派恒定的目标。蒙特里安的绘画体现了风格派的典型视觉语言。风格派艺术从立体主义走向了完全抽象，它对于 20 世纪的现代艺术、建筑学和设计产生了持久的影响，为现代主义的产生奠定了一定的思想基础。里特维尔德是风格派最有影响的实干家之一，他将风格派艺术由平面推广到了三度空间，通过使用简洁的基本形式和三原色创造出了优美而功能性的建筑与家具，以一种实用的方式体现了风格派的艺术原则。

图 7-2-4 中，左图为蒙德里安的作品《红、黄、蓝的构成》，它是几何抽象风格的代表作，其绘画就是通过纯造型的因素——三原色（红、黄、蓝）、三种非原色（黑、白、灰）和水平线与垂线的网格结构，寻求各要素之间的绝对平衡；右图为他的另一作品，典型地体现了风格派的视觉语言。

图 7-2-4　蒙德里安的作品

图 7-2-5 中，左图为里特维尔德于 1917—1918 年设计的红蓝椅，它由木条和层压板构成，13 根木条相互垂直，形成了基本的结构空间，各个构件间用螺钉紧固搭接而不用榫接，以免破坏构件的完整性，椅的靠背为红色的，坐垫为蓝色的，木条漆成黑色，木条的端部漆成黄色，以表示木条只是连续延伸的构件中的一个片段；中间图为里特维尔德于 1934 年设计的折弯椅；右图为荷兰乌德勒支市郊的吊灯，它的设计可以说是蒙德里安绘画的立体化。

图 7-2-5　里特维尔德设计的红蓝椅、折弯椅和吊灯

3. 俄国构成主义运动

构成派艺术家力图用表现新材料本身特点的空间结构形式作为绘画及雕塑的主题，其运动发展于“一战”前后的俄罗斯。1919 年，马列维奇等艺术家成立了激进的艺术家团体“宇诺维斯”，转向一种完全的集合抽象，发展了一种在白色背景下进行几何构图的抽象艺术。俄国十月革命胜利后，苏联艺术家以抽象的雕塑结构来探索材料的效能，并将产品、建筑与文化联系起来，这样，构成主义就与绘画、雕塑等传统美术相脱离，走入了实用设计范畴。构成派最重要的代表作是雕塑家菲拉其米尔・塔特林设计的第三国际纪念塔。

图 7-2-6 所示为菲拉其米尔・塔特林设计的第三国际纪念塔，这座纪念塔于 1920 年首次在莫斯科和列宁格勒展出，它以新颖的结构形式体现了钢材的特点和设计师的政治信念。

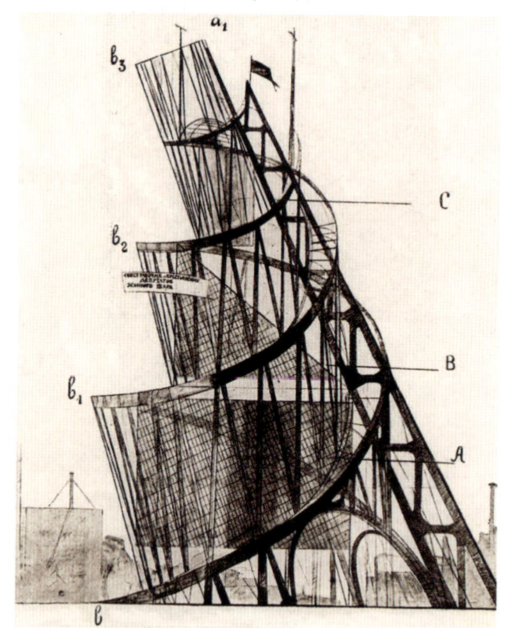

图 7-2-6　第三国际纪念塔

7.3 包豪斯

1. 三个不同时期的包豪斯

第一阶段（1915—1925 年），魏玛时期。格罗皮乌斯任包豪斯校长，提出“艺术与技术的统一”的崇高思想，希望通过教育改革，培养新型设计、建筑人才。他广招贤能，聘任艺术家与手工匠师授课，形成艺术教育与手工制作相结合的新型教育制度。

图 7-3-1 中，左图为格罗皮乌斯设计的包豪斯新校舍，是现代建筑的杰作，它在功能处理上有分有合，关系明确，方便而实用；在构图上采用了灵活的不规则布局，建筑体型纵横错落，变化丰富；立面造型充分体现了新材料和新结构的特色。右图为格罗皮乌斯设计的“阿德勒”汽车，它是 20 世纪 20 年代功能主义造型原则的典型例子。

图 7-3-1　包豪斯新校舍和“阿德勒”汽车

第二阶段（1925—1932 年），德绍时期。包豪斯在德国德绍市重建，并进行课程改革，实行了设计与制作教学一体化的教学方法，取得了优异的成果。1928 年，格罗佩斯辞去包豪斯校长职务，由建筑系主任汉斯·迈耶继任，他将包豪斯的艺术激进扩大到政治激进，从而使包豪斯面临很大的政治压力。汉斯·迈耶于 1930 年辞职，由米斯·凡·德洛继任，后在纳粹势力的压力下，包豪斯于 1932 年被迫关闭。

图 7-3-2 中，左图为布兰德设计的茶壶，虽然采用了几何形式，但却是由人工以银锻制的，与工艺美术运动异曲同工；在包豪斯的家具车间，右图为布劳耶设计的一系列影响极大的钢管椅，开辟了现代家具设计的新篇章，这些钢管椅充分利用了材料的特性，造型轻巧优雅，结构也很简单，成了现代设计的典型代表。

图 7-3-2　茶壶和钢管椅

第三阶段（1932—1933 年），柏林时期。米斯·凡·德洛将学校迁至柏林的一座废弃的办公楼中，试图重整旗鼓。由于包豪斯精神为德国纳粹所不容，米斯·凡·德洛面对刚上台的纳粹政府，终于回天无力，1933 年 11 月，包豪斯被封闭，不得不结束了其 14 年的发展历程。

图 7-3-3 中，左图为米斯·凡·德洛于 1929 年设计的巴塞罗那椅，优雅而单纯的现代家具和国际博览会的德国馆成了现代建筑和设计的里程碑；右图为其于 1927 年设计的著名的魏森霍夫椅，也体现了他长于钢管椅设计。

图 7-3-3　巴塞罗那椅和魏森霍夫椅

2. 评价

包豪斯在长达 14 年的发展中形成了一定的设计风格，设计上受构成派和风格派直接影响，高度追求几何图形的结构完整与平衡感，追求色彩的单纯、明快，同时主张功能第一、形式第二，其风格对欧美影响深远。然而对于严格的几何造型和工业材料的追求使其产品具有冷漠感，缺乏应有的人情味，这是其局限性。

包豪斯实现了艺术与技术的统一，打破了纯艺术与使用艺术的界限，在艺术和工业结合的思想指导下，特别重视机械化生产和设计工作的密切关系。其教学体系强调理论与实践相结合，认识到既要进行艺术、技术和材料的合理设计，又要适应社会需要，提倡集体创作。同时，包豪斯形成了现代工业设计的风格，提出了现代设计的基本要求，为现代工业设计提供了历史范例。它认清了“技术知识”可以传授，“创作能力”只能启发的事实，为现代设计教育树立了良好的规范。

7.4 20 世纪 20~30 年代的流行风格

1. 艺术装饰风格

艺术装饰风格（Art Deco）是 20 世纪 20~30 年代主要流行的风格，它生动地体现了这一时期巴黎的豪华与奢侈，以其富丽和新奇的现代感而著称。艺术装饰风格实际上并不是一种单一的风格，而是两次世界大战之间统治装饰艺术潮流的总称， 包括了装饰艺术的各个领域，如家具、珠宝、绘画、图案、书籍装帧、玻璃和陶瓷等，并对工业设计产生了广泛的影响。尽管艺术装饰带有与现代主义理论不相宜的商业气息，与先前矫揉造作之风并无本质区别，但市场表明它作为象征现代化生活的风格被消费者接受了。大规模的生产和新材料的应用使它为百姓所接受并广为流行，直到 20 世纪 30 年代后期才逐渐被另一种现代流行风格——流线型风格所取代。

图 7-4-1 中，左图为艺术装饰风格的造型语言，其金字塔状的台阶式构图和放射状线条等艺术装饰风格的典型造型语言被作为“现代感”的标志而到处使用；右图为艺术装饰风格的相框和钟，也表明艺术装饰风格已成了大众趣味的一个标志。

图 7-4-1　艺术装饰风格作品

图 7-4-2 中，左图为法国人卡迪埃设计的坦克表，反映了第一次世界大战对于文化的影响，机器意识开始渗入文明之中。卡迪埃的坦克表得名于美军的坦克部队，在风格和名称上，它都反映了机器美学。中间图为艺术装饰几何构图的项链饰品，开始用规整的几何构图，而不是繁复的传统纹样。右图为德斯普里斯设计的手镯，以机器零件为主题，巴黎珠宝商以重炮弹壳的形式来制造吊饰，并在手镯上安置滚珠。

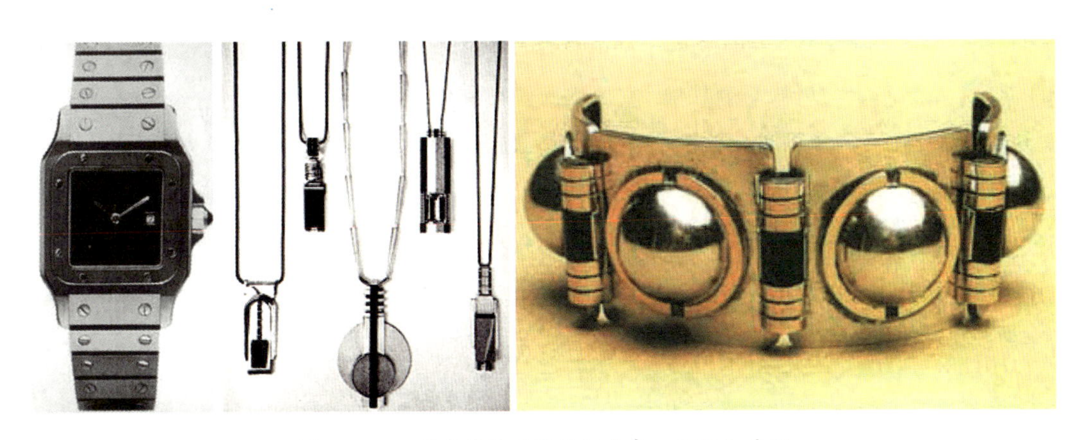

图 7-4-2　艺术装饰风格的坦克表、项链和手镯

图 7-4-3 中，左图为艺术装饰风格的几何体银质台灯，它反映了曾经迷恋于历史风格的上流社会开始接受新的美学形式；右图为赫伯斯特 1930 年设计的梳妆台，反映了传统的木制家具已开始受到金属家具的挑战，包豪斯严谨的钢管家具与贵重的材料和精湛的手工艺相结合，出现于许多中产阶级的家中。

图 7-4-3　艺术装饰风格的台灯和梳妆台

2. 流线型风格

流线型原是空气动力学名词，用来描述表面圆滑、线条流畅的物体形状，这种形状能减小物体在高速运动时的风阻，因而在汽车、火车、飞机、轮船等交通工具上运用流线型设计，以光滑的、流动的、富于戏剧性的线型变化为主要特点，当时被称为“流线型现代风格”。在工业设计中，它成为一种象征速度和时代精神的造型语言，不但发展成了一种时尚的汽车美学，还渗入家用产品的领域。

流线型风格实质上是一种外在的“样式设计”，反映了美国人对设计的态度，即把产品外观造型作为促销的重要手段。它的魅力首先在于它是一种走向未来的标志，这为大萧条中的人民带来了一种希望；另外，它的亲切感超过了现代主义的作品；同时，它的流行不仅有美学意义，也有技术和材料上的基础。在艺术上，流线型风格与未来主义、象征主义一脉相承，用象征性的表现手法赞颂了“速度”之类体现工业时代精神的概念，是 20 世纪 30~40 年代最流行的产品风格。

图 7-4-4 中，左图为流线型风格的造型语言，描述了一种圆滑、线条流畅的物体形状；右图为冰箱外壳构件的演化，说明了塑料和金属模压成型方法已得到广泛应用，由于较大的曲率半径有利于脱模或成型，这就确定了产品设计特征，冰箱设计也受其影响。

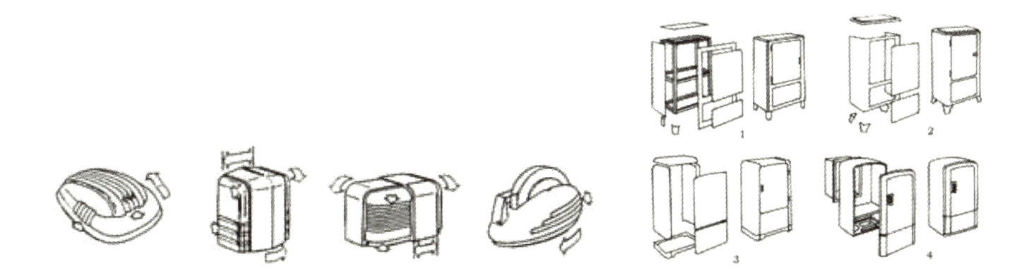

图 7-4-4　流线型造型语言

图 7-4-5 中，左图为赫勒尔设计的流线型订书机，号称“世界上最美的订书机”，这是一件纯形式和纯手法主义的产品设计，完全没有反映其机械功能，外形颇似一只蚌壳，圆滑的壳体罩住了整个机械部分，只能通过按键来进行操作；右图为克莱斯勒公司的“气流”型小汽车，产品结构和机械性能经过精心设计以确保可靠性和舒适性，造型上，设计者花了大量精力以求车身的统一，发动机罩的双曲线通过后倾的挡风玻璃与机身光滑地联系起来，挡泥板和脚踏板的流畅线条加强了整体感。

图 7-4-5　流线型订书机和“气流”型小汽车

图 7-4-6 中，左图为列德文克设计的塔特拉 V8-81 型汽车，采用了流线型形式，并加上了一个尾鳍，被认为是 20 世纪 30 年代最杰出的汽车之一；右图为波尔舍于 1936—1937 年设计的大众牌汽车，它是一种适于高速公路的小型廉价汽车，其甲壳虫般的外形成为 20 世纪 30 年代流线型设计最广为人知的范例。

图 7-4-6　塔特拉 V8-81 型汽车和大众牌汽车

第8章 “二战”后的工业设计

8.1 斯堪的纳维亚设计

北欧的斯堪的纳维亚包含挪威、瑞典、丹麦、芬兰和冰岛五国。随着工业化和城市化的进程，整个人口结构发生了变化，不断提高的生活水准影响了大多数人及他们的生活方式，产生了普遍的乐观情绪和对于发展与进步的信心。新的观念开始深入人心，如认为普通百姓有权享有舒适的家，这个家不但是有益于健康的，而且还应满足功能和美学上的要求。20 世纪 50 年代，福利国家最终在斯堪的纳维亚建立起来。

就风格而言，斯堪的纳维亚设计是功能主义的，但又不像 20 世纪 30 年代那样严格和教条。几何形式被柔化了，边角被光顺成 S 形曲线或波浪线，常常被描述为“有机形”，使形式更富人性和生气。早期功能主义所推崇的原色为渐次调和的色彩所取代，更为粗糙的质感和天然的材料受到设计师的喜爱。例如，汉宁森在“二战”后又设计了许多新型的 PH 灯具，特别是他设计的 PH-5 吊灯与 PH 洋蓟吊灯（见图 8-1-1、图 8-1-2）取得了很大成功，至今畅销不衰。

图 8-1-1　汉宁森设计的 PH-5 吊灯

图 8-1-2　汉宁森设计的 PH 洋蓟吊灯

斯堪的纳维亚设计的人情味也体现在工业装备的设计上，在这方面瑞典的工业设计师做了大量的工作。从 1965 年开始，由 6 名设计师组成的瑞典“设计小组”参与了索尔纳公司的胶版印刷生产线的开发设计工作，他们对生产线操作过程进行了详尽的人机工程分析，并重新设计了标志、符号、指令和操纵手柄，使工作条件得到了很大改善。

图 8-1-3 所示为瑞典阿特拉斯 - 柯普柯公司设计的移动式空压机，它不仅有很好的隔音效果和机动性，而且机体两侧面板可以方便地举起，大大方便了操作人员的维护工作。

图 8-1-3　移动式空压机

图 8-1-4 所示为艾格里和胡高为菲赛特电气公司设计的电动打字机，它很好地适应了新工业的需要。

图 8-1-4　艾格里和胡高设计的电动打字机

“二战”后丹麦的家具设计成就很大，在国际上享有盛誉。丹麦最重要的设计师之一是维纳，其设计极少有生硬的棱角，转角处一般都处理成圆滑的曲线，给人以亲近之感。

图 8-1-5 所示为维纳 1949 年设计的名为“椅”（The Chair）的扶手椅，这是他最有名的设计。“椅”原是为有腰疾的人设计的，因而坐上去十分舒适。它那抒情而流畅的线条、精致的细部处理和高雅质朴的造型，又使它具有雕塑般的质量。这种椅迄今仍大受欢迎，成为世界上被模仿得最多的设计作品之一。

图 8-1-5　扶手椅

图 8-1-6 所示为维纳设计的系列“中国椅”之一。维纳早年潜心研究传统的中国家具，他所设计的系列“中国椅”便吸收了中国明代椅的一些重要特征。

图 8-1-6　中国椅

图 8-1-7 所示为维纳 1947 年设计的孔雀椅，被放置在联合国大厦。

图 8-1-7 孔雀椅

20 世纪 50 年代，丹麦具有国际性影响的另一位人物是建筑师、设计师雅各布森。他将刻板的功能主义转变成了精练而雅致的形式，这正是丹麦设计的一个特色。雅各布森的作品十分强调细节的推敲，以达到整体的完美。他的大多数设计都是为特定的建筑而做的，因而与室内环境浑然一体。

雅各布森在 20 世纪 50 年代设计了三种经典椅子。图 8-1-8 中从左至右分别为 1952 年为诺沃公司设计的“蚁”椅、1958 年为斯堪的纳维亚航空公司旅馆设计的“天鹅”椅和“蛋”椅。这三种椅子均是热压胶合板整体成型的，具有雕塑般的美感。

图 8-1-8 “蚁”椅、“天鹅”椅和“蛋”椅

丹麦的邦与奥卢胡森公司（简称 B&O 公司）是 20 世纪 60 年代以来工业设计的佼佼者，它是唯一系统解决设计问题的公司。今天，B&O 公司成为丹麦在生产家用视听设备方面唯一仅存的公司，也是日本以外少数国际性同类公司之一。B&O 公司的组合音响见图 8-1-9。

图 8-1-9 B&O 公司的组合音响

B&O 公司的产品风格早期受家具设计的影响，多采用柚木作为机壳。20 世纪 60 年代以后趋于“硬边艺术”风格，采用拉毛不锈钢和塑料等工业材料制作机身，造型十分简洁高雅。进入 20 世纪 90 年代，其设计风格开始转向“高技术 / 高情趣”的完美结合。该公司生产的家用音响系统采用透明面板来展示 CD 碟片的运动过程，并以鲜艳的色彩对比来营造一种游戏般的情调，体现了鲜明的时代特色。B&O 公司 6 碟 CD 机和家庭音乐媒体播放器 B&O BeoSound 4 见图 8-1-10。

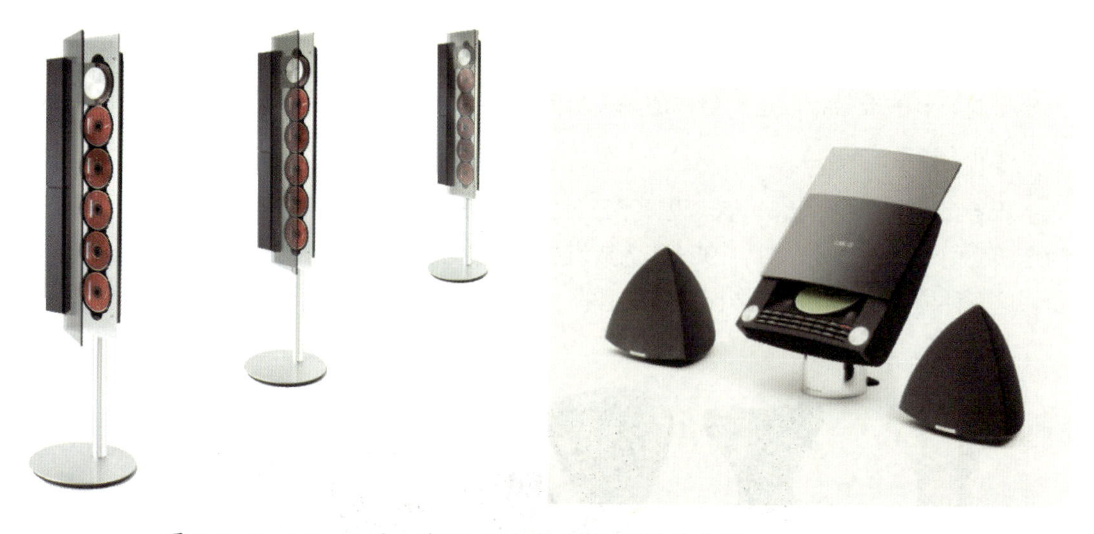

图 8-1-10 B&O 公司 6 碟 CD 机和家庭音乐媒体播放器 B&O BeoSound 4

21 世纪的 B&O 公司步入了数字时代，特别强调产品的人机交互和用户体验设计，通过简洁明快的界面设计，方便人们在海量的影音媒体中寻找需要播放的内容。

8.2 现代主义的发展

1. 美国现代主义的发展

20 世纪 40 年代，功能主义已在美国牢固地建立起来。美国纽约的现代艺术博物馆从 1929 年成立之日起就致力于宣传现代主义的设计，使美国公众对于欧洲，特别是包豪斯的设计有了一定了解。该馆利用举办竞赛和各种展览的方式来推动现代主义设计在美国的发展。1940 年，现代艺术博物馆为工业设计提出了一系列“新”标准，即产品的设计要适合于它的目的性、适应于所用的材料、适应于生产工艺、形式要服从功能等。这种美学标准在 20 世纪 40 年代大受推崇。

图 8-2-1 所示为沃森设计的台灯，采用黑色金属管支架、亚麻布灯罩，非常精练质朴，被认为是高雅趣味的体现。

图 8-2-1　沃森设计的台灯

两家进行室内设计的生产家具的厂家——米勒公司和诺尔公司将现代主义的目标与其所爱好的新生产技术结合在一起，开发和生产了由美国设计师设计的家具。其中最有代表性的人物是伊姆斯和埃罗·沙里宁，二人都对探索新材料和新技术非常感兴趣。

伊姆斯不少作品都是为米勒公司设计的，第一件作品餐椅（见图 8-2-2）是他早年研究胶合板的结果。椅子的坐垫及靠背模压成微妙的曲面，给人以舒适的支撑；镀铬的钢管结构十分简洁，采用了橡胶减震节点。图 8-2-3 中的安乐椅和配套的垫脚凳是他 1956 年设计的作品。

图 8-2-2　伊姆斯设计的餐椅

图 8-2-3　伊姆斯设计的安乐椅和垫脚凳

埃罗·沙里宁出生于芬兰，后移居美国，是一位多产的建筑师，同时也是一位颇具才华的工业设计师。他的家具设计常常体现出“有机”的自由形态，被称为“有机现代主义”。“胎”椅（见图 8-2-4）设计于 1946 年，采用玻璃纤维增强塑料模压成型，覆以软性织物。“郁金香”椅（见图 8-2-5）设计于 1957 年，采用了塑料和铝两种材料。由于其圆足的特点，“郁金香”椅不会压坏地面。这两个设计都被当作 20 世纪 50~60 年代“有机”设计的典范。

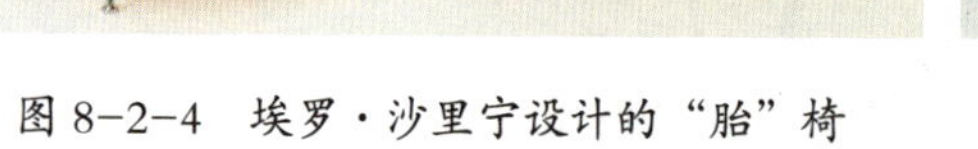

图 8-2-4　埃罗·沙里宁设计的“胎”椅

图 8-2-5　埃罗·沙里宁设计的“郁金香”椅

随着经济的发展，现代主义越来越受到资本主义商业规律的压力，功能上好的设计往往是与“经济奇迹”背道而驰的，因为资本主义社会要求把设计作为一种刺激高消费的手段，而不只是建立一种理想的生活方式。正因为如此，现代主义在 20 世纪 50 年代不得不放弃先前一些激进的理想，使自己能与资本主义商品经济合拍。甚至格罗皮乌斯来到美国之后也修正了他在包豪斯时期的主张，更加强调设计的艺术性与象征性。

图 8-2-6 所示为格罗皮乌斯为罗森塔尔公司设计的茶具。茶具不但造型更加“有机”，而且还由拜耶设计了表面装饰。

图 8-2-6　格罗皮乌斯设计的茶具

2. 英国现代主义的发展

在第二次世界大战期间，一方面由于一些包豪斯的重要人物流亡到英国，另一方面由于战争的迫切需要及国家在物资和人力上的短缺，使得强调结构简单、易于生产和维修的功能主义设计在英国得以广泛应用，现代主义开始在英国扎下根来。

20 世纪 40 年代后期，英国产生了一些出色的工业设计作品。1948 年，设计师伊斯戈尼斯设计的莫里斯牌大众型汽车（见图 8-2-7 左图）从大众化、实用化的原则出发，小巧而紧凑，但同时又考虑到英国国民普遍存在的追求表面高贵的心理，使其成为英国第一种可以在国际市场上与德国“大众”牌汽车媲美的小汽车，它生产了十年之久。1959 年，伊斯戈尼斯设计了另一型号的莫里斯小型轿车（见图 8-2-7 右图），造型十分干净利落，被认为是“二战”后英国工业设计的杰作。

图 8-2-7　伊斯戈尼斯分别于 1948 年和 1959 年设计的莫里斯牌汽车

雷斯是英国当代主义风格的代表人物之一。早在 1945 年，他就利用飞机残骸制成的再生铝设计了一把靠背椅和其他一些家具，这把椅子在 1951 年的米兰国际工业设计展览中获得金奖。

图 8-2-8 所示为雷斯于 1951 年设计的“安德罗普”椅。这种椅子利用了钢条和胶合板，造型轻巧而有动感，既可用于室外，也可放置在居室。

图 8-2-8　“安德罗普”椅

罗宾·戴是另一位当代主义风格的设计师，他被奉为家具设计“教父”。1948 年，他设计的一把椅子在美国纽约现代艺术博物馆举办的“国际低成本家具设计竞赛”中获一等奖。1951 年，在米兰国际工业设计展览中，他的家具又获金奖。这些荣誉奠定了他事业成功的基础。

罗宾·戴早期的作品受到伊姆斯等人的影响，热衷于热压成型的胶合板家具。1950 年，他为希尔公司设计的可叠放椅（见图 8-2-9）便是胶合板制成的，这种椅子所采用的倒 V 形腿成为当时的风尚。罗宾·戴还将当代主义风格应用到家用电器设计上，他 1957 年设计的电视机（见图 8-2-10）便是其中一例。

图 8-2-9　罗宾·戴为希尔公司设计的可叠放椅

图 8-2-10　罗宾·戴设计的电视机

罗宾•戴于1963年设计的聚丙烯椅（见图8-2-11）可以说是世界上最畅销的一把椅子，50多年来已在全球数十个国家生产、销售出了2000多万把，现在仍在继续生产中。2009年年初英国皇家邮政发行了一套十枚的英国经典设计邮票，该设计榜上有名。

图8-2-11 聚丙烯椅

随着现代科学技术的飞速发展，英国设计中心在20世纪60年代引入了一系列新的评选程序，以保证其展出的“优良设计”能满足新建立起来的技术标准。英国海德罗凡空压机公司也由于在设计上的成就而获得了英国设计协会的1988年欧洲设计奖荣誉提名。该公司在顾问设计师的帮助下创造了一系列具有鲜明特色的工业机器，特别在人机工程和色彩设计上独树一帜。海德罗凡公司生产的系列空压机见图8-2-12。

既注重产品的外观造型，又强调产品的技术结构和实用性，是英国工业设计师的重要特点。英国著名工业设计师戴森设计的新型吸尘器（见图8-2-13）就体现了产品的外观设计与工程技术的完美结合。

图8-2-12 海德罗凡公司生产的系列空压机

图8-2-13 戴森设计的DC36吸尘器

8.3 美国的商业性设计

20 世纪 50 年代的美国汽车设计是商业性设计的典型代表。“二战”后的美国人需要一系列新的设计来反映和实现他们的乐观主义心情，消除战争期间物质匮乏带来的艰辛生活的记忆，汽车成了寄托他们希望的理想之物。美国的通用汽车公司、克莱斯勒公司和福特公司的设计部把现代主义的信条打入冷宫，不断推出新奇、夸张的设计，以纯粹视觉化的手法来反映美国人对于权力、流动和速度的向往，取得了巨大的商业成效（见图 8-3-1、图 8-3-2）。

图 8-3-1　克莱斯勒公司于 1955 年生产的战斗机式汽车

图 8-3-2　厄尔设计的凯迪拉克“艾尔多拉多”型汽车

大量产品投入市场确实创造了选择的多样性，但又使得消费者不易了解产品的功能质量，而使选择遇到了困难，因此不愿接受过于标新立异的东西。这就使得设计师不能沉湎于纯形式的研究，而必须在创新与争取消费者认同之间做出平衡。设计师罗维提出了 MAYA 原则，即“创新但又可接受”。罗维在“二战”后初期的一些设计中还带有商业性设计的特征。

罗维 1948 年设计的可口可乐零售机采用了流线型；他于 1955 年重新设计了可口可乐玻璃瓶，去掉了瓶子上的压纹，代之以白色的字体，该两款产品一度成为流行于世界各地的美国文化的象征（见图 8-3-3）。

图 8-3-3　罗维设计的可口可乐零售机和重新设计的可口可乐玻璃瓶

1947 年，罗维设计了微型按钮电视机（见图 8-3-4），他简化了早期型号的控制键，采用了一种更适于家庭环境的机身，其标志清晰，外观也很简洁。1963 年罗维设计的“皮特尼·鲍斯”邮件计价打戳机（见图 8-3-5）完全采用了简洁的块面组合，标志着设计师风格的巨大转变。

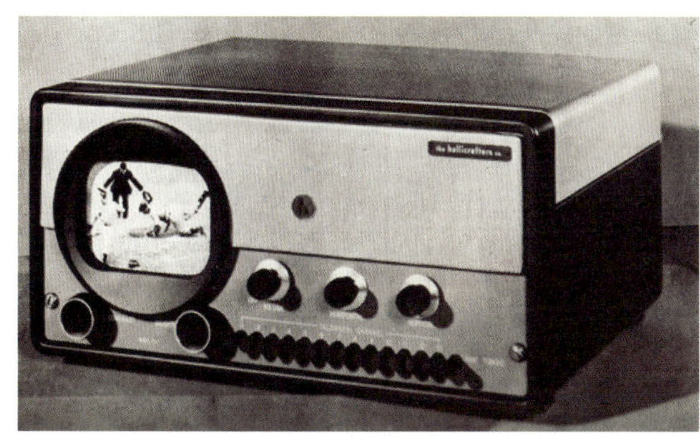

图 8-3-4　罗维设计的微型按钮电视机

图 8-3-5　罗维设计的邮件计价打戳机

图 8-3-6 所示为罗维所做的“空军一号”色彩设计。1955 年设计成功的波音 707 飞机可列为 20 世纪 50 年代美国工业设计的重大成就首位，这架喷气式客机是由波音公司设计组与美国著名工业设计师提革的设计班子共同完成的。美国总统的座机“空军一号”就采用了波音 707 飞机，罗维完成了它的色彩设计。20 世纪 70 年代中期，罗维还参加了英国、法国合作研制的“协和”式超音速民航机的设计工作，这些都标志着工业设计发展到了新水平。

图 8-3-6　“空军一号”色彩设计

8.4 德国的技术与分析

“二战”后对联邦德国工业设计产生最大影响的机构是于1953年成立的乌尔姆造型学院，这是一所培养工业设计人才的高等学府，其纲领是使设计直接服务于工业。乌尔姆造型学院的影响十分广泛，它所培养的大批设计人才在工作中取得了显著的经济效益，这促进了乌尔姆设计方法的普及与实施，其成果就是前联邦德国的设计有了合理的、统一的表现，它真实地反映了德国发达的技术文化。

乌尔姆造型学院与德国布劳恩股份公司的合作是设计直接服务于工业的典范。这种合作产生了丰硕的成果，使布劳恩公司的设计至今仍被看成优良产品造型的代表和德国文化的成就之一。

在1955年的杜塞尔多夫广播器材展览会上，布劳恩公司展出了收音机等产品（见图 8-4-1），这些产品与先前的产品有明显的不同，外形简洁、色彩素雅，它们是布劳恩公司与乌尔姆造型学院合作的首批成果。

图 8-4-1　布劳恩公司生产的收音机

图 8-4-2 所示为布劳恩公司于 1956 年生产的收音机和电唱机组合，该产品有一个全封闭的白色金属外壳，加上一个有机玻璃的盖子，被称为“白雪公主之匣”。

图 8-4-2　“白雪公主之匣”

联邦德国设计史上的另一里程碑是系统设计方法的传播与推广，这在很大程度上也应归功于乌尔姆造型学院所开创的设计科学。系统设计是以系统思维为基础的，目的在于给予纷乱的世界以秩序，将客观事物置于相互影响和相互制约的关系中，并通过系统设计使标准化生产与多样化的选择结合起来，以满足不同的需要。系统设计不仅要求功能上的连续性，而且要求有简便的和可组合的基本形态，这就使设计中的几何化，特别是直角化的趋势加强了。

1959 年，古戈洛特和拉姆斯设计了袖珍型电唱机和收音机组合（见图 8-4-3）。他们将系统设计理论应用到了产品设计中，其中的电唱机和收音机是可分可合的标准部件，使用十分方便。这种积木式的设计是以后高保真音响设备设计的开端。

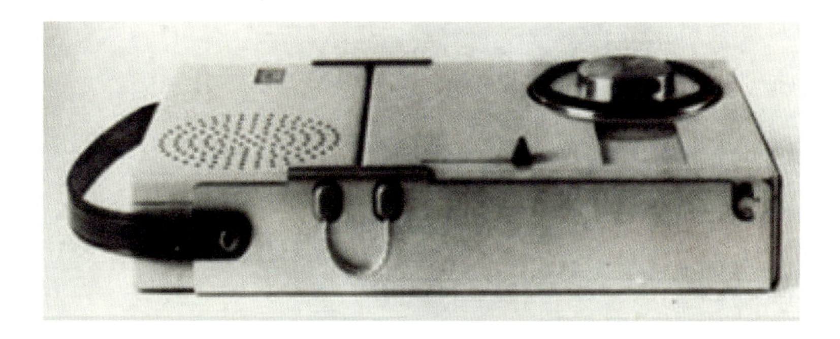

图 8-4-3　袖珍型电唱机和收音机组合

除音响制品外，布劳恩公司还生产电动剃须刀、电吹风、打火机、电风扇、电子计算器、厨房机具、幻灯放映机和照相机等，这些产品都具有均衡、精练和无装饰的特点（见图 8-4-4）。色彩上多用黑、白、灰等“非色调”，造型直截了当地反映出产品在功能和结构上的特征。这些一致性的设计语言构成了布劳恩产品的独有风格。

图 8-4-4　布劳恩公司生产的电动剃须刀、打火机和台扇

到 20 世纪 70 年代中期，德国设计界出现了一些试图跳出功能主义圈子的设计师，他们希望通过更加自由的造型来增加趣味性。被人称为“设计怪杰”的科拉尼就是这一时期对抗功能主义倾向最有争议的设计师之一。科拉尼的设计方案具有空气动力学和仿生学的特点，表现了强烈的造型意识。在这一点上，他与美国的商业性设计走到了一起。他的设计得到舆论界和公众的认可，但却遭到来自设计机构的激烈批评。科拉尼为罗森塔尔公司设计的茶具见图 8-4-5，科拉尼设计的半挂式卡车见图 8-4-6。

图 8-4-5　科拉尼为罗森塔尔公司设计的茶具

图 8-4-6　科拉尼设计的半挂式卡车

8.5 意大利——艺术的摇篮

早在第二次世界大战之前，意大利就产生过一些优秀设计，特别是奥利维蒂公司的设计。该公司是一家生产办公机器的厂家，成立于 1908 年。该公司很早就意识到了工业设计的重要性，在设计师尼佐里等的参与下，奥利维蒂公司成了意大利工业设计的中心，几乎每一个有名的意大利工业设计师都为其工作过。直到“二战”后，奥利维蒂公司仍保持了自己在工业设计方面的主导地位。

1948 年尼佐里为该公司设计了“拉克西康 80”型打字机（见图 8-5-1），该打字机采用了略带流线型的雕塑形式，在商业上取得了很大成功。1950 年尼佐里又推出了“拉特拉 22”型手提打字机（见图 8-5-2），设计师从工程、材料、人机工程及外观等各方面进行考虑，并且将原打字机的 3000 个元件减至 2000 个，设计出了这种机身扁平、键盘清晰、外形优美的打字机。该机对美国的办公机器设计也产生了重大影响。

图 8-5-1　“拉克西康 80”型打字机　　图 8-5-2　“拉特拉 22”型手提打字机

1936 年，尼佐里为尼奇缝纫机公司设计了“米里拉”牌缝纫机（见图 8-5-3），机身线条光滑、形态优美，被誉为“二战”后意大利重建时期典型的工业设计产品。1953 年，庞蒂为意大利理想标准公司设计了一系列陶瓷卫生用具，包括一只坐式便器（见图 8-5-4）。他认为“这些产品形式并不新奇，但真实”，因为它们的形式真实反映了功能要求，自身又具有美学价值。

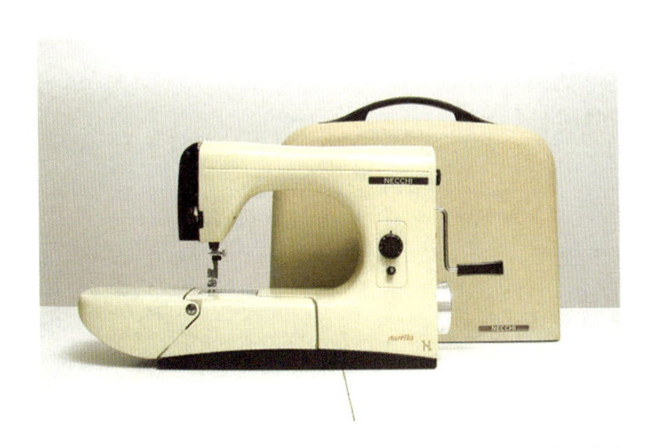

图 8-5-3　尼佐里设计的“米里拉”牌缝纫机模型

图 8-5-4　庞蒂设计的坐式便器

从 20 世纪 60 年代开始，塑料和先进的成型技术使意大利设计创造出了一种更富有个性和表现力的风格。大量低成本的塑料家具、灯具及其他消费品以其轻巧、透明和艳丽的色彩展示了新的风格，完全打破了传统材料所体现的设计特点和与其相联系的绝对永恒的价值。

柯伦波是 20 世纪 60 年代较有影响的设计师，十分擅长塑料家具的设计，他特别注意室内空间的弹性因素，他认为空间应是弹性与有机的，不能因为室内设计、家具设计而变成一块死板而凝固。因此，家具不应是孤立的、死的产品，而是环境与空间的有机构成之一。柯伦波设计的可拆卸牌桌见图 8-5-5。

柯伦波 1971 年早逝，但他的遗作——塑料家具总成（见图 8-5-6），在 1972 年美国纽约现代艺术博物馆举办的“意大利 - 新的家庭面貌”大型工业设计展览中引起了普遍关注。这套塑料家具总成共有四组，包括厨房、卧室、卫生间等。这些产品都是由可折叠、组合的单元组成的，对不同的房间有很大的灵活性。

图 8-5-5　柯伦波设计的可拆卸牌桌

图 8-5-6　柯伦波设计的塑料家具总成

意大利的灯具设计也具有很高水平。设计师们把照明质量与效果，如照度、阴影、光色等与灯具的造型等同起来，取得了很大的成功。

图 8-5-7 所示为萨帕设计的工作台灯，可以以任何角度定位，使用十分方便灵活，体现了一种实用与美学的平衡，成为国际性的经典设计。

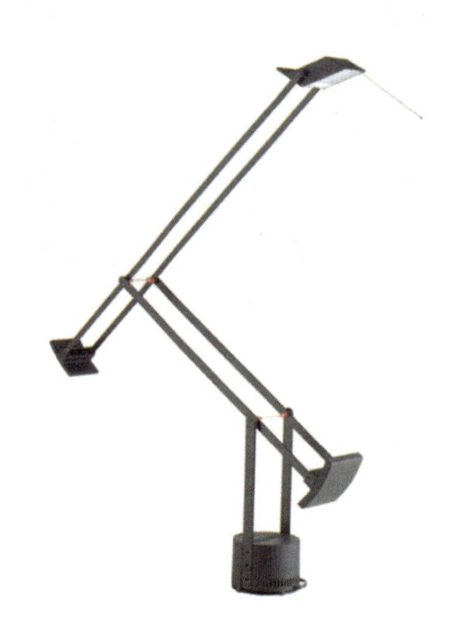

图 8-5-7　萨帕设计的工作台灯

意大利的汽车车身设计在国际上享有很高的声誉。在这一方面，宾尼法利纳(Pininfarina)设计公司和意大利设计公司(ITALDESIGN)是最具代表性的。宾尼法利纳公司最有影响的设计是法拉利(Ferrari)牌系列赛车。法拉利赛车的设计将意大利车身造型的魅力发挥到了极致，每一个细节都焕发出速度与豪华气息，体现出意大利汽车文化独有的浪漫与激情的特征。宾尼法利纳公司设计的跑车见图 8-5-8。

图 8-5-8 宾尼法利纳公司设计的跑车

意大利设计公司是由工业设计师乔治亚罗与工程师门托凡尼共同创建的。其基本的经营方针是将设计与工程技术紧密结合，为汽车生产厂家提供从可行性研究、外观设计、工程设计直到模型和样车制作的完整服务。目前意大利设计公司已成了一个国际性的设计中心，产生了许多成功的产品，其中包括大众“高尔夫”、菲亚特“熊猫”、阿尔法罗密欧、奥迪80、绅宝 9000、BMW MI 等驰名世界的小汽车。1986 年，乔治亚罗设计了一半似摩托、一半似汽车的“麦奇摩托”，革新了现代机动车的概念(见图 8-5-9)。

图 8-5-9 乔治亚罗设计的“麦奇摩托”

乔治亚罗不仅设计汽车，也为世界各地的厂家设计其他技术性产品。1982 年，他为尼奇公司设计的新型“逻辑”缝纫机(见图 8-5-10)，一改 20 世纪 50 年代的“有机”风格，选择了一种适当的技术型外观以适应时代的气息。同年，又为日本尼康公司设计了尼康 F3 相机(见图 8-5-11)，使机身细部更为和谐，并按人机工程学理论来决定控制键的位置。

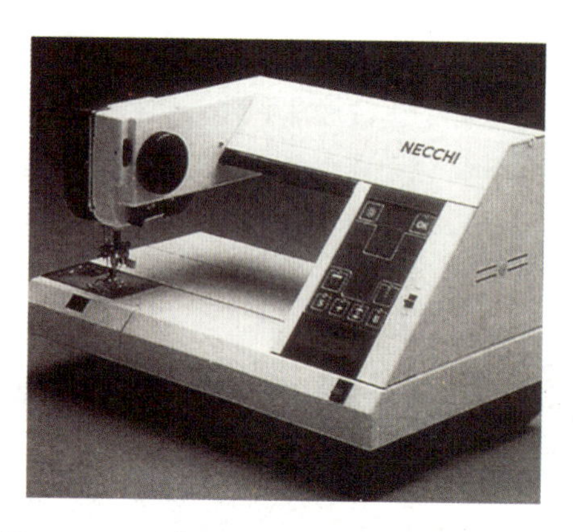

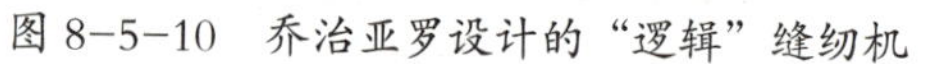
图 8-5-10 乔治亚罗设计的“逻辑”缝纫机

图 8-5-11 乔治亚罗设计的尼康 F3 相机

1997 年，意大利设计公司更名为 Italdesign-Giugiaro 股份公司，仍然以汽车设计为主。2009 年，该公司设计了一款名为“Namir”的混合动力概念车（见图 8-5-12），极具新锋锐的设计风格。

图 8-5-12 “Namir”混合动力概念车

8.6 日本设计

第二次世界大战之前，日本的民用工业和工业设计并不发达，很多工业产品直接模仿欧美的样本，价廉质次，这时日本还没有建立起自己的工业特色。由于第二次世界大战爆发，一切工作都陷于停顿。战后日本经历了恢复期、成长期和发展期三个阶段，在经济上进入了世界先进行列，工业设计也有了很大进步。今天，日本工业设计已得到国际设计界的高度重视，在国际上有很高的地位。

1932 年日产公司生产的“达特桑”牌汽车（见图 8-6-1），显然是刻意模仿当时欧美流行的车型，特别是福特 T 型车。

图 8-6-1 “达特桑”牌汽车

1. 恢复期的日本工业设计

1945—1952 年是日本工业的恢复阶段。恢复期的日本工业设计尚处于启蒙阶段，当时日本的许多产品仍是工程师设计的，比较粗糙，优秀设计作品不多。1953 年，米兰三年一度的国际工业设计展览曾邀请日本参展，但日本以不具备参加国际性展览的条件为由谢绝。

图 8-6-2 所示为索尼公司的“G”型录音机。虽然在技术上是相当先进的，但看上去像台原型机。

图 8-6-2 索尼公司的“G”型录音机

2. 成长期的日本工业设计

成长期是指 1953—1960 年这一时期，日本的经济与工业都在持续发展。不少新的科学与技术的突破对工业设计提出了新要求。1953 年日本电视台开始播送电视节目，使电视机需求量大增；日本的汽车工业也在同期发展起来，摩托车从 1958 年开始流行；随着家庭电气化的到来，各种家用电器也迅速普及。从 1957 年起，日本各大百货公司接受日本工业设计协会的建议，纷纷设立优秀设计之角，向市民普及工业设计知识。同年，日本设立了“G”标志奖，以奖励优秀的设计作品。日本政府于 1958 年在通产省内设立了工业设计课，主管工业设计，并于同年制定公布了出口产品的设计标准法规，积极扶持设计的发展。

3. 发展期的日本工业设计

从 1961 年起日本工业进入了发展阶段，工业生产和经济出现了一个全盛的时期，工业设计也得到了极大的发展，由模仿逐渐走向创造自己的特色，从而成了居于世界领先地位的设计大国之一。20 世纪 70 年代，日本的汽车、摩托车形成了自己独特的设计方法，大量使用计算机辅助设计，并且十分强调技术和生产的因素，在国际上取得了很大成功。在这个领域，各种铃木牌摩托车、雅马哈牌摩托车、日产牌卡车、日产小汽车等，都是十分出色的作品。图 8-6-3 所示为本田公司 1997 年生产的轻型汽车，车身紧凑而简练，在日本生产的汽车中独树一帜。

图 8-6-3　本田公司轻型汽车

照相机是典型的日本产品，日本几乎独占了国际业余用照相机的市场。由日本 GK 工业设计研究所于 1982 年设计的奥林巴斯 XA 型照相机（见图 8-6-4）是日本小型相机设计的代表作，荣获了当年的“G”标志奖。这种照相机的设计目标是使相机适于装在口袋之中，而依然使用 135 胶卷。相机置于口袋中时，需要用一个盖子来保护镜头，该设计以一个碗状的盖子在结构上完成了这一功能，并赋予相机的设计一个与众不同的形态特征。

图 8-6-4　奥林巴斯 XA 型照相机

在日本的企业设计中，索尼公司成就斐然，是日本最早注重工业设计的公司，成为日本现代工业设计的典型代表而享誉国际设计界。

1955 年，索尼公司生产出日本第一台晶体管收音机。1958 年生产的索尼 TR60 晶体管收音机（见图 8-6-5）是第一种能放入口袋中的小型收音机。索尼公司于 1959 年生产出了世界上第一台全半导体电视机（见图 8-6-6），此后又研制出独具特色的单枪三束柱面屏幕彩色电视机，这些产品都很受好评。与其他公司强调高技术的视觉风格不同，索尼公司的设计强调简练，其产品不但在体量上尽量小型化，而且在外观上也尽可能减少无谓的细节。1979 年开始生产的世界上第一台随身听：索尼 TPS-L2（见图 8-6-7）就是这一设计理念的典型代表，取得了极大的成功。

图 8-6-5　索尼 TR60 晶体管收音机

图 8-6-6　索尼的全半导体电视机

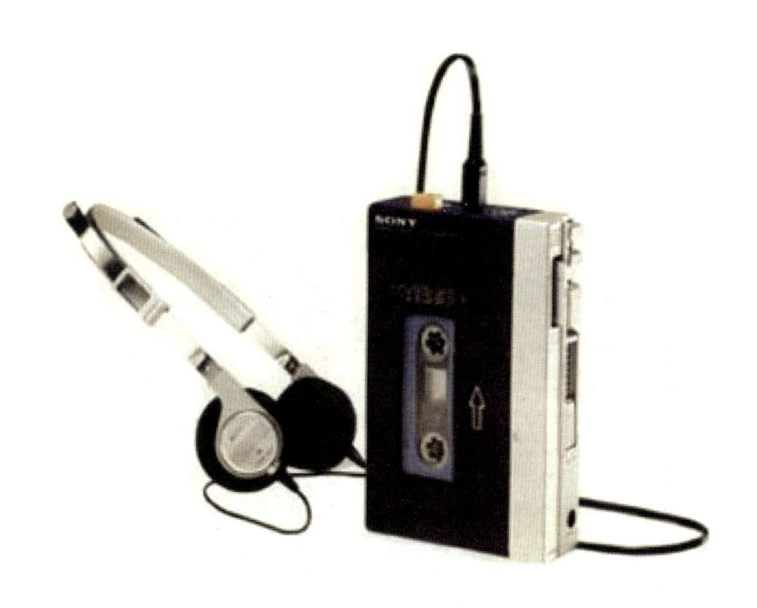

图 8-6-7 世界上第一台随身听：索尼 TPS-L2

日本设计在处理传统与现代的关系中采用了所谓的“双轨制”。一方面，在服装、家具、室内设计、手工艺品等设计领域系统地研究传统，以求保持传统风格的延续性；另一方面，在高技术的设计领域则按现代经济发展的需求进行设计。

在“蝴蝶”凳（见图 8-6-8）的设计中，设计师柳宗理将功能主义和传统手工艺两方面的影响融于这只模压成型的胶合板凳之中。尽管这种形式在日本家用品设计中并无先例，但它使人联想到传统日本建筑的优美形态，对木纹的强调也反映了日本传统对自然材料的偏爱。

图 8-6-8 柳宗理设计的“蝴蝶”凳

进入 20 世纪 80 年代，特别是 80 年代后期，由于受到意大利设计的影响，日本家用电器产品的设计开始转向所谓“生活型”，即强调色彩和外观上的趣味性，以满足人们的个性化需求。松下电器公司的一些家用电器设计也在造型和色彩上做了大胆探索，把高技术与高情趣结合起来（见图 8-6-9）。

图 8-6-9　松下公司的产品

第9章 多元背景下的工业设计

9.1 波普风格

波普风格又称为流行风格，以英国为运动中心，它代表着20世纪60年代工业设计追求形式上的异化及娱乐化的表现主义倾向。“波普”是一场广泛的艺术运动，反映了“二战”后成长起来的青年一代的社会与文化价值观，力图表现自我、追求标新立异的心理，在60年代的设计界引起了强烈震动。它强调灵活性、可消费性，即产品的性能应该是短暂的。从设计上来说，这是一场多风格的混杂，追求大众化、通俗的趣味，反对现代主义自命不凡的清高，强调新奇与独特，并大胆采用艳俗的色彩，着力寻求产品的象征意义。

到60年代末，英国波普设计走向了形式主义的极端。波普风格实际上是一场自发的运动，没有系统的理论来指导设计，也没有找到一种有效的手段来填平个性自由与批量生产之间的鸿沟，违背了工业生产中的经济法则、人机工程学原理等工业设计的法则，因而昙花一现、销声匿迹。

图9-1-1中，左图为波普运动艺术家安迪·沃霍尔的丝网印刷作品《玛丽莲·梦露》，体现了波普风格中对色彩的大胆运用；右图为1964年英国设计师穆多什设计的一种“用后即弃”的儿童椅，它是用纸板折叠而成的，表面饰以图案，十分新奇。

图9-1-2所示为意大利的大手套和嘴唇状波普家具，体现了软雕塑的特点，其在体型的设计上含混不清，通过视觉上与别的物品的联想来强调其非功能性。

图 9-1-1　丝网印刷作品《玛丽莲·梦露》和“用后即弃”的儿童椅

图 9-1-2　意大利的大手套和嘴唇状波普家具

9.2 后现代主义设计

后现代主义是在 20 世纪 60~80 年代，反抗现代主义纯而又纯的方法论的一场运动，体现在天文、哲学、批评理论、建筑及设计领域中。“后现代”是针对艺术风格的发展演变而言的。后现代主义设计强调设计的隐喻意义，通过借用历史风格来增加设计的文化内涵，同时又反映一种幽默与风趣之感，唯独功能上的要求被忽视了。斯特恩把后现代主义的基本特征归结为三点，即文脉主义、隐喻主义和装饰主义。文丘里也相应地提出了“少就是乏味”的口号。

“孟菲斯”设计师集团是后现代主义在设计界最有影响的组织，成立于 1980 年 12 月，由著名的索特萨斯和 7 名年轻设计师组成。“孟菲斯”原是埃及的一个古城，也是美国一个以摇滚乐而著名的城市，设计集团以此为名有将传统文明与现代流行文化相结合的意思。“孟菲斯”反对一切固有的观念，反对将生活铸成固有模式，开创了一种无视一切模式和突破一切清规戒律的开放性设计思想，从而刺激了丰富多彩的意大利新潮设计。

图 9-2-1 中，左图为索特萨斯设计的博古架，书架在塑料板外装饰了一层贵重的木板，漆成鲜艳的红、蓝、黄色，至于有角度的搁板，是为了与传统的垂直设计相对抗，有人根据它的古怪外形，称其为机器人书架；右图为他于 1981 年设计的塔希提岛灯，像一只黄颈红嘴的热带鸟。

图 9-2-1　索特萨斯设计的博古架和塔希提岛灯

图 9-2-2 所示为设计大师索特萨斯为奥利维蒂公司设计的打字机，外壳为鲜艳的红色塑料，有一定的雕塑感，人性化的设计风格令消费者对其青睐有加。

图 9-2-2　索特萨斯设计的打字机

9.3 高技术风格

高技术风格不仅在设计中采用高新技术，而且在美学上鼓吹表现新技术，罗维的电子产品预示着高技术风格的到来。高技术风格源于 20 世纪 20~30 年代的机器美学，这种美学直接反映了当时以机械为代表的技术特点，但它由于过度重视技术和时代的体现，把装饰压到了最低限度，因而显得冷漠而缺乏人情味，遭到了人们的批评。

高技术风格在室内设计、家具设计上的主要特征是直接利用那些为工厂、实验室生产的产品或材料来象征高度发达的工业技术，最为轰动的作品是英国建筑师皮阿诺和罗杰斯设计的巴黎蓬皮杜国家艺术与文化中心（见图 9-3-1）。

图 9-3-1　巴黎蓬皮杜国家艺术与文化中心

蓬皮杜国家艺术与文化中心的大楼不仅直率地表现了结构，连设备也全部暴露了。面向街道的东立面上挂满了五颜六色的各种“管道”，红色的为交通通道，绿色的为供水系统，蓝色的为空调系统，黄色的为供电系统。面向广场的西立面是几条有机玻璃的巨龙，一条由底层蜿蜒而上的是自动扶梯，几条水平方向的是外走廊。这座建筑物对工业设计产生了重大影响。

在家具电器上，特别是在电子类电器的设计上，主要强调技术信息的密集，面板上密布繁多的控制键和显示仪表，造型上多采用方块和直线，色彩仅用黑色和白色，看上去像一台高度专业水准的科技仪器。

图 9-3-2 所示为罗维设计的收音机，该机采用了黑、白两色的金属外壳，面板上布满各种旋钮、控制键和非常精确的显示仪表，俨然是一台科学仪器；右图为 PA 事务所于 1975 年设计的“SM2000”电唱机，它是一件“高技术”风格的家电产品，所有零部件都直率地暴露在外，有机玻璃的盖子还特别强调了唱臂的运动。

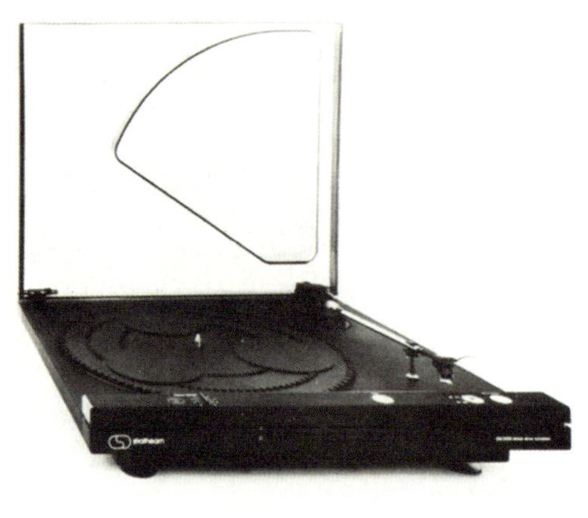

图 9-3-2　罗维设计的收音机和 PA 事务所设计的“SM2000”电唱机

图 9-3-3 中，左图为法国设计师伯提耶设计的儿童手工桌椅，采用粗壮的钢管结构，并装上了拖拉机用的坐垫，具有高度工业化的特色；右图为阿基佐姆设计的“米斯”椅，他以一种幽默的手法来模仿米斯的巴塞罗那椅，“米斯”椅采用了镀铬方钢、橡胶板等工业材料及尖锐的三角形造型，把新现代主义推向了极端。

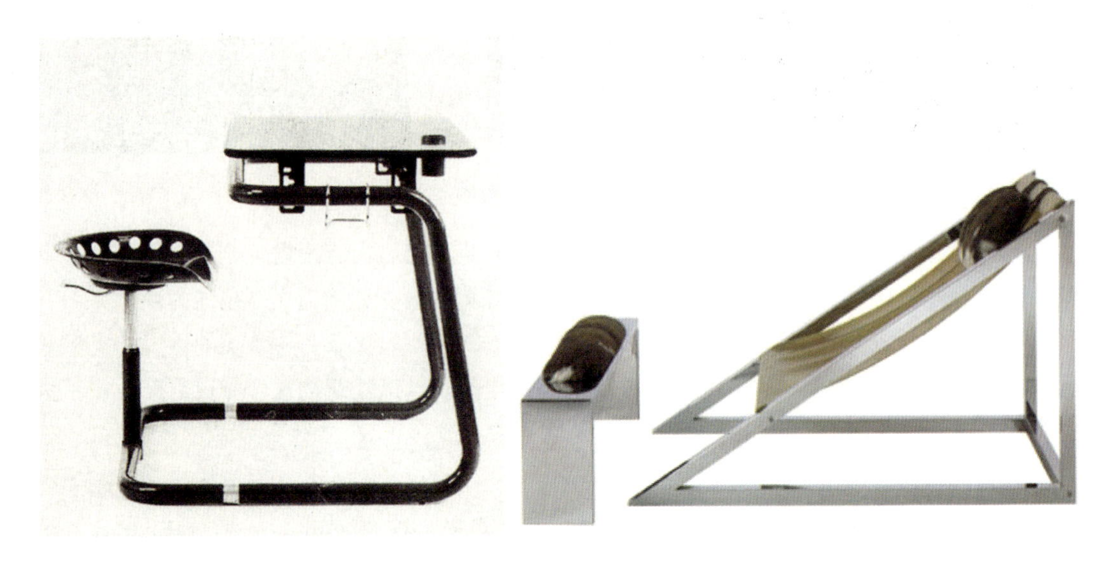

图 9-3-3　儿童手工桌椅和“米斯”椅

9.4 绿色设计

绿色设计又称生态设计，是 20 世纪 90 年代开始兴起的一种新的设计方式，源于人们对于现代技术文化所引起的环境及生态破坏的反思，体现了设计师的道德和社会责任心的回归。

设计师转向工业设计与人类可持续发展的深层次的关系，力图通过设计活动，在人、社会和环境之间建立起一种协调发展的机制。它着眼于人与自然的生态平衡关系，在设计过程中的每一个决策都充分考虑到环境效益，尽量减少对环境的破坏。不仅要尽量减少物质和能量的消耗、减少有害物质的排放，而且要使产品和零部件能够方便地分类回收并再生循环或重新利用，这也是绿色设计的核心，被公认为 3R 原则，即 Reduce、Reuse 和 Recycle 原则。

图 9-4-1 中，左图为斯塔克设计的路易 20 椅，椅子的前腿、座位及靠背由塑料一体化成型，就好像靠在铸铝后腿上的人体，简洁而又幽默；右图为斯塔克为沙巴法国公司设计的电视机，它采用了一种可回收的材料——高密度纤维模压成型的机壳，同时也为家用电器创造了一种"绿色"的新视觉。

图 9-4-1　路易 20 椅和斯塔克设计的电视机

图 9-4-2 中，左图为设计师瑞米用被丢弃的抽屉设计成的橱柜，该设计完成了一个产品再生循环的过程；右图为新型电视机，它在生产制造的过程中采用了环保节能型材料加工、零部件制造、装配工艺，慎重到了考虑生产部门的工作环境对人们生理、心理的影响，充分展现了绿色未来产品的方向。

图 9-4-2　橱柜和新型电视机

9.5 人性化设计

人性化设计是指把产品的使用者放在比产品本身更重要的地位，设计师在构思阶段就要把人作为设计的重要参数。一件新产品的开发，要花大量的时间来调查产品面对的消费人群，调查他们的生活习惯、消费方式、文化层次、心理需求，以及喜欢的色彩、偏爱的造型、可以接受的价格等。“以人为本”的设计思想涉及社会学、心理学、人机工程学和美学等。

图 9-5-1 所示为挪威设计师 Peter Opsvik 设计的 Balans 椅系列，它遵循理性与人体工程学原理，为用户提供了一个好的坐姿和自由活动的空间，在这种将“坐”这个静态的动作转化到动态的观念下，诞生出该系列标新立异的椅子。

图 9-5-1　Balans 椅系列

图 9-5-2 中，左图为奇巴公司为微软公司开发的自然曲线键盘，充分从用户角度出发进行设计，由于它使用方便、人机界面舒适、造型新颖独特而受到用户的欢迎；右图为诺基亚公司于 1998 年推出的极具特色的 5110 “随心换”手机，为追求个性化的现代人提供了多种色彩的外壳，可以方便用户迅速地随时换装，也使高精技术成为一种流行的时尚。

图 9-5-2　自然曲线键盘和诺基亚手机

9.6 新技术与新材料——玻璃的世界

新兴的人造材质大多质地均匀，但缺少天然的细节和变化。而玻璃在众多的材料中散发着自己独特的魅力。它可以坚硬如铁，也可以单薄如纸，既能晶莹剔透，又能五彩斑斓，有时又显得冷酷无情、冰冷桀骜。玻璃流露着高雅、明亮、光滑、现代感、时髦、干净、整齐、协调、自由、精致、活泼、锋利、艳丽的风情，始终是材料科学家族中举足轻重的一分子。天然的、独具魅力的透明性和变幻无穷的流动感、色彩感都构成了它的唯美形象，唤起人们的遐想与憧憬。

20 世纪赋予了玻璃更多令人惊叹的加工方法和形态，令使用了数千年的玻璃，至今仍活跃在最需要先进技术的领域。玻璃服务于人们生活的每个角落，在折射景物的同时散发着独特的迷人光彩，带给人们的是如此流光溢彩的视觉盛宴。

图 9-6-1 中，左图为意大利菲亚姆公司于 1987 年设计的图幽灵椅，先进的科技及加工工艺使玻璃家具充分地流露着时尚气息，颇具雕塑美感，实用性与艺术性完美结合，成为人们的视觉焦点；右图为托尼·帕马路易松于 1998 年设计的油酱瓶，该设计体现了设计师独特的构思和艺术表现力，它在空气与实体之间若隐若现地存在着，成为一件精美的艺术品。

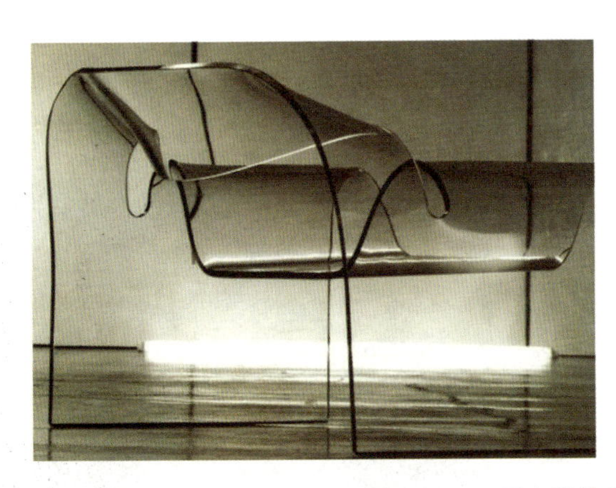

图 9-6-1　图幽灵椅和油酱瓶

图 9-6-2 所示为 iPhone 屏幕，其材质体现了玻璃材质在科技产品中的运用，或明艳或纯净的色彩充满了时尚气息，在一定程度上体现了使用者的品位及审美标准。

图 9-6-2　iPhone 屏幕

9.7 时尚与个性设计——柠檬榨汁机

图 9-7-1 中的这款柠檬榨汁机看上去一副恶魔派，大家都叫它“外星人榨汁机”，本名朱茜•萨里弗柠檬榨汁机反而被遗忘了。它既可以用来榨柠檬，也可以用来榨橙汁或葡萄柚汁。这款柠檬榨汁机的直径为 14cm，高度达到 29cm，由打磨的铝金属制成。它是受争议的时尚与个性的代表作品之一，以其简约且怪异的造型让人眼前一亮。评论家认为这是一件表达惊悚之感的作品，它像蜘蛛但同时又像从未来世界里来的飞行器。它完美地将造型与功能结合起来，采用极简造型，去掉了一切不必要的装饰和功能，材料使用抛光的金属材料，更增加了其极简的意境。其使用方法和细节设计见图 9-7-2。

图 9-7-1　朱茜 · 萨里弗柠檬榨汁机

图 9-7-2　使用方法和细节设计

设计者使用最简单的结构、俭省的材料、洗练的造型及非天然工业材料，没有历史内涵，抽象冷峻，不给观众联想的余地，更能注意作品本身。崇尚机械加工过程，刻意企求画面或雕塑面的光滑平整，作品取消基座，直接与地面接触，尽力保持形式完美；形态构成上，强调整体统一、简洁纯净，以此抗争混乱无序等。这些都是以菲利普·斯塔克为代表的极简主义设计师所追求的。在视觉的处理上，极简主义可以说是去除了一些复杂的元素，没有个人主观的诠释；力求达到形式上元素的高度洗练和统一。

9.8 情感化与高科技设计——乔布斯传奇

史蒂夫·乔布斯，发明家、企业家、美国苹果公司联合创办人、前行政总裁。1976 年乔布斯和朋友成立苹果电脑公司，他陪伴了苹果公司数十年的起落与复兴，先后领导和推出了麦金塔计算机、iMac、iPod、iPhone 等风靡全球的电子产品，深刻地改变了现代通信、娱乐乃至生活的方式。乔布斯是改变世界的天才，他凭敏锐的触觉和过人的智慧，勇于变革，不断创新，引领全球资讯科技和电子产品的潮流，把电脑和电子产品变得简约化、平民化，让曾经是昂贵稀罕的电子产品变为现代人生活的一部分。史蒂夫·乔布斯和苹果公司的经典产品及形象见图 9-8-1。

图 9-8-1　史蒂夫·乔布斯和苹果公司的经典产品及形象

图 9-8-2 中，依次为苹果公司 1998 年的 iMac、2001 年的 iPod、iPad、iPhone 4，乔布斯以自己的行动告诉消费电子行业，仅仅依靠技术运算、硬件配置而制胜的时代已经过去，取而代之的是“与消费者产生情感共鸣”“制造让顾客难忘的体验”，这比任何一种差异化策略都更有力量。

图 9-8-2　1998 年的 iMac、2001 年的 iPod、iPad、iPhone 4

在苹果前 CEO 乔布斯看来，“情感的经济”将取代“理性的经济”。当产品能够召唤消费者的情感时，它便驱动了需求。他一直批判消费电子产业只重视技术的传统做法。苹果的产品影响了消费群的使用行为，定义了他们的生活、娱乐和工作行为，甚至影响了消费群的价值观念。苹果的电子产品，无论是从外观还是从感觉和触觉上，都是体验式产品中的精品，它们的设计、造型、色彩和材质都能够带给消费者非同寻常的使用体验和情感触动，并激发消费者对于创新的深层次思考。在客户体验方面，苹果更是通过新颖的方式把它做到了极致。

感官体验。苹果产品的工业设计以人性化和时代审美观为主要着眼点。现代感极强的流线型外观、流畅简约的设计风格、透着温柔又酷到极致的冷色调，同时又不失温暖、亲切和人情味，带给消费者视觉、听觉和触觉上焕然一新的全方位体验（见图 9-8-3）。

图 9-8-3　iPhone 5、iPad2 和 iPod

情感体验。iPod 设计师乔纳森 • 艾维曾说：“产品必须具备能释放人们潜在情感的东西，才能备受欢迎。”基于这种理念，苹果的产品设计往往包含了情感的因素，如“软糖”和“五味”iMac G3，五彩缤纷的 iPod nano 和 shuffle。即使是苹果的经典白色，也具有产品语意学的含义，象征着放松、干净、自由、享受、私密、贴近等美妙感受。

思考体验。思考营销诉求的是智力，引起顾客的惊奇、兴趣、对问题集中或分散的思考，为顾客创造认知和解决问题的体验。在整个消费电子产品的历史上，或许还没有哪一家品牌能够像苹果那样，引起消费者、电子产品界、通信产业界，乃至整个商业界从产品到营销、产业链建构等多个领域的思考（见图 9-8-4）。

图 9-8-4 iBook、Mac Pro 和 MacBook Pro

行动体验。它的实质是增加消费者的身体行为，展示做事方式和生活方式，激发他们的行动。苹果的行动体验营销包括使用方式体验和生活方式体验两种。前者体现在通过专卖店进行操作体验、使用指导；后者体现在时尚界、娱乐界明星们的言传身教，体现在与其他品牌的联合，使得苹果品牌更为深入人心。

第10章 优秀产品设计案例

10.1 IBM公司产品设计案例

公司名称： IBM，国际商业机器公司（International Business Machines Corporation）的简称。

公司简介： 总公司在纽约州阿蒙克市，1911年创立于美国，是全球最大的信息技术和业务解决方案公司，目前拥有全球雇员30多万人，业务遍及160多个国家和地区。

产品及服务： 该公司创立时的主要业务为商用打字机，其后转为文字处理机，然后到计算机和有关服务。

产品特点： 造型简洁、线条凝练；使用沉稳的黑色、深灰色；极具科技感。

曾获奖项： Reddot和If。

图10-1-1所示为IBM计算机服务器产品，其产品设计风格严谨，在大部分产品造型中合理、有效地使用了斜面，使产品更具打破一般机柜类产品呆板、笨重感的能力。产品多以黑色、深色为主，用色沉稳，同时会在产品中的某一些部件中使用如红色、绿色、橙色等明度较高的颜色作为点缀，使得产品富有高科技感。

图 10-1-1　IBM 计算机服务器产品

10.2 BMW 公司产品设计案例

公司名称： BMW（Bayerische Motoren Werke），巴伐利亚发动机制造股份公司，简称宝马公司。

公司简介： 宝马的总部在慕尼黑，德国的巴伐利亚州，而巴伐利亚州的州旗是蓝白相间的，宝马就代表了巴伐利亚，代表了德国最精湛的发动机技术。

产品及服务： 该公司初创时期，公司主要致力于飞机发动机的研发和生产，后宝马公司涉及汽车设计与制造。

产品特点： 清晰的品牌形象，其产品在设计美学、动感和动力性能、技术含量和整体品质等方面具有高品质的产品内涵。

曾获奖项： Reddot 和 If。

图 10-2-1 所示为 BMW Z4 双人敞篷跑车，令驾驶者前所未有地亲近阳光、清风和道路。灵敏的操控、上乘的性能，还有新鲜空气的舒畅感觉，使驾驶者沉浸其中。外轮廓线采用流线型设计，美观且能减小空气阻力，内部线条轮廓连贯流畅，完美无瑕的工艺品质让它魅力四射，即使静止时也是路人瞩目的焦点。

图 10-2-1　BMW Z4 双人敞篷跑车

BMW 车辆前脸设计具有鲜明的特征：双进气格栅、位于中部上方的标志和两侧的双大灯，如同人的鼻孔和眼睛。这种拟物化的造型使得产品具有一定人的气质。BMW 产品的线条衔接流畅，无论是汽车设计还是摩托设计（见图 10-2-2），多使用曲线来表现产品的动人之美。面与面转折干脆，线条连贯清晰。设计中去掉了华丽轻佻的曲线造型，多使用直线、曲度平缓的曲线来塑造产品外形。

图 10-2-2　BMW 设计的摩托车产品

10.3 Apple 公司产品设计案例

公司名称： 苹果公司（Apple Inc.）。

公司简介： 公司总部位于加利福尼亚州的库比蒂诺。苹果公司由史蒂夫·乔布斯、史蒂夫·沃兹尼亚克和罗·韦恩在 1976 年创立，在高科技企业中以创新而闻名。苹果公司是最注重工业设计的公司之一。

产品及服务： 电子科技产品（如 Apple Ⅱ、Macintosh 电脑、MacBook 笔记本电脑、iPod 音乐播放器、iTunes 商店、iMac 一体机、iPhone 手机和 iPad 平板电脑等）。

产品特点: 大繁至简、造型简洁; 色彩亮丽; 科技感十足; 设计具有前瞻性,往往能引领时代潮流。

曾获奖项： Reddot 和 If。

苹果公司是知名的高科技产品公司。公司推出了如 iPhone、iPad、iTouch 等一系列知名产品（见图 10-3-1）。苹果产品外观设计简洁，多使用直线、圆形等几何图形，以及圆角等元素，包括 iPhone 的手机系统 UI 设计都使用倒圆角的方形设计。产品外形没有尖锐的形态，线与面之间衔接流畅，产品颜色多为银色和白色，让产品的科技感和产品亲和力都能充分体现出来。

自从确定“大繁至简”的口号以来，苹果公司就以追求简洁为目标。对苹果来说，追求简洁不是要忽视复杂性，而是要化繁为简。把一件东西变得简单，真正认识到潜在的各种挑战，并找出漂亮的解决方案。

图 10-3-1 iPhone、iPad、iTouch

图 10-3-2 所示为 1998 年 6 月上市的 iMac G3，这款拥有半透明的、果冻般圆润的蓝色机身的电脑重新定义了个人电脑的外貌，并迅速成为一种时尚象征。推出前，仅靠平面与电视宣传，就有 15 万人预订了 iMac，而在之后 3 年内，它一共售出了 500 万台。其中一个秘密是：这款利润率达到 23% 的产品，在其诱人的外壳之内，所有配置与此前一代苹果电脑几乎一样。

图 10-3-2 苹果电脑 iMac G3（1998 年）

每当苹果的重要产品即将宣告完成时，苹果都会退回最本源的思考，并要求将产品推倒重来。以至于有人认为这是一种病态的品质，是完美主义控制狂的标志。

当第二代 iMac 的模型被送到 CEO 乔布斯的手中时，它看起来很像缩水后的第一代，“没有什么不好，其实也挺好”，但乔布斯讨厌这种感觉。当天乔布斯找来了苹果的 ID 实验室负责人乔纳森·艾韦——第一代 iMac、iPod、钛合金外壳的 PowerBook 和冰块状的 Cube 的主要设计者。两个人在乔布斯太太的植物园里走来走去，乔布斯逐渐将自己的理想清晰化：“每件东西都必须有它存在的理由。如果你可能需要从它后面看，为什么必须要一个纯平显示器？为什么必须在显示器放一个主机？”置身花园内，乔布斯建议，“它应该像朵向日葵。”他用一天时间勾勒出了新产品的概念，但工程师们种出这朵“向日葵”却用了两年的时间（见图 10-3-3、图 10-3-4）。

图 10-3-3　iMac G4 向日葵电脑的键盘（2002 年）

图 10-3-4　iMac G4 向日葵电脑（2002 年）

从设计形态学看，iMac 是一件精美的艺术品（见图 10-3-5）。它那一体化的整机好似半透明的玻璃鱼，透过绿白色调的机身，可隐约看到内部的电路结构，奇特的半透明圆形鼠标令人爱不释手。色彩用了亮丽的海蓝色，大面积使用弧面造型，有一种无拘无束的令人震撼的美感，给电脑业和设计界带来的影响是巨大的。从 1901 年第一台电子打字机面世以来，到一个世纪以后已经不可思议地变成了这个小绿蛋。一时间，敢于表达个性、令人耳目一新的优秀产品设计相继出笼。

图 10-3-5　苹果电脑 iMac G3（2001 年）

从色彩设计上看，iMac 鲜艳的色彩使它从乳白色的海洋中跳出来。在 iMac 设计中色彩与具体的形相结合，便具有极强的感情色彩和表现特征，具有强大的精神影响。当代美国视觉艺术心理学家布鲁墨说："色彩唤起各种情绪，表达感情，甚至影响我们正常的生理感受。"阿恩海姆则认为"色彩能够表现感情，这是一个无可辩驳的事实"，因而"色彩是一般审美中最普遍的形式"，色彩成为设计人性化表达的重要因素。在现代设计秉承包豪斯的现代主义设计传统，多以黑、白、灰等中性色彩作为表达语言，体现出冷静、理性的产品设计时，iMac 的色彩设计使消费者的心理为之一振，并豁然开朗起来——原来电脑等高科技产品也可以是彩色的，可以是五彩斑斓的。在现代设计的色彩运用中，融入了设计师和消费者个人的情感、喜好和观念。

从设计心理学角度看，iMac 满足深层次的精神文化需求。iMac 已将设计触角伸向人的心灵深处，通过富有隐喻色彩和审美情调的设计，在设计中赋予更多的意义，让使用者心领神会而倍感亲切。科技的发展使电脑具有更多更微妙的功能和更复杂的操作程序，如何使产品更易于操作和被消费者认同是 20 世纪 80 年代以来设计师们所面临的课题。iMac 的设计给出了一种答案，把一个新的复杂机器设计得像人类久违的伙伴那样平易亲切，又符合生产的要求。

iMac 的成功得益于它对人性的特别关注和对"产品语意学"的成功运用。这一里程碑式的设计，使我们重新审视自己的产品和设计，并思索什么才是设计的本源。设计本源来源于人性化的创新。正如设计师卡里姆所说："你待在计算机屏幕前的时间越长，你的咖啡杯的外观就显得越重要。"高科技产品不应该是冷漠和令人生畏的，它更应该是亲切的、易操作的、对人性充满关爱的（见图 10-3-6）。

图 10-3-6 Power Mac G3（2001 年）

从时代生活方式上看，iMac 令使用者面对电脑这一高科技产品时不再那么陌生和恐惧。科技的飞速发展、信息渠道的畅通无阻，在给人们的生活带来无限便利的同时，也加快了工作和生活节奏，人们的内心充满了对技术的恐慌感。赋予高科技产品以人性化的友好界面，比任何时候都显得更为重要，iMac 界面设计开创了软件操作人性化的先河。淡雅的色调、适中的鼠标移动速度、下拉操作菜单，都非常科学和富有人情味道。信息化社会的形成和发展，电脑作为一种方便而且理想的设计工具，导致设计手段、方法、过程等一系列的变化是毋庸置疑的，从而开始迈向数字化设计、非物质设计时代。信息时代设计将从有形的设计向无形的设计转变；从物的设计向非物的设计转变；从产品的设计向服务的设计转变。如果说数字化为当今人类社会生活的发展带来了崭新的生存意义，人性化设计则是对这种生存意义的物化诠释。

2001 年，苹果公司强烈意识到，未来的 IT 产业将不以科技先进与否为最直接的评判，新的标准是它能否改进用户体验。

20 世纪 90 年代末期，苹果试探性地进入数字娱乐产业，并把方向定为将苹果电脑变为“信息生活”的中心，工程师托尼·法戴尔被任命为硬件小组的组长，他的任务是在圣诞节前生产一款轰动性产品，并被授权可以调用包括乔布斯在内的任何苹果员工。全球营销副总裁菲尔·希勒率先提出应该用转盘操作，由此加快菜单操作。而设计天才艾韦则负责外观设计：“从一开始我们就想要一个看起来无比自然、无比合理又无比简单的产品，让你根本不觉得它是被设计出来的。”于是有了后来的风格极简、纯白的 iPod（见图 10-3-7），在充斥着各种颜色的数字家电市场它完全与众不同：“它是无色的，但是一种大胆到令人震惊的无色。”

设计是一种用户体验。就像 iPod 证明的，它不仅是电脑产品，同样也是使用体验。iPod 的成功仍是过去几年间公司在创新能力上的突破所致，而这也为苹果指出一个方向：消费电子产品越来越像一个“装有某种软件的盒子”，人们在经历技术崇拜之后，对产品的使用体验更加关注。

图 10-3-7　硬盘 MP3 播放器 iPod（2002 年）

2003年年底推出的iPod mini拥有5款颜色，存储量为4GB的iPod mini价格为249美元，比此前的10GB的iPod价格降低了150美元（见图10-3-8）。为了扩大市场，让更多的人成为iPod的用户，而又不让iPod的高贵形象受损，苹果公司再度创新。调查表明，随意播放功能（shuffle）深受iPod使用者的喜爱："随意播放让你不知道什么将出现，但你知道那是你喜欢的。因此，用来找歌的显示屏并非必需，功能键也可以被简化为只有6个——播放、暂停、下一首、上一首、声音提高、声音降低。iPod shuffle因此诞生（见图10-3-9）。

图 10-3-8　苹果公司硬盘 MP3 播放器 iPod mini（2003 年）

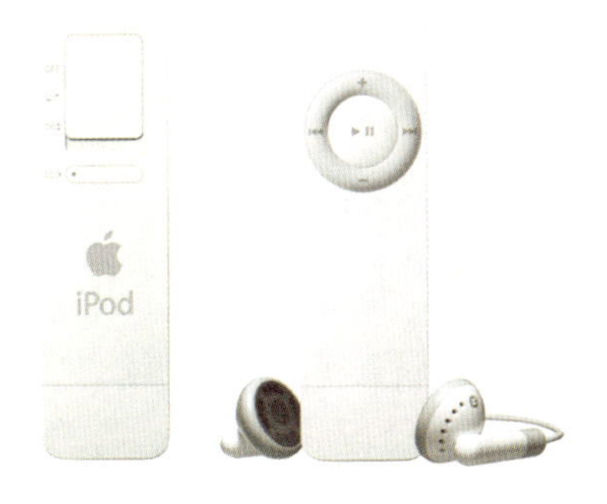

图 10-3-9　苹果公司硬盘 MP3 播放器 iPod shuffle（2004 年）

苹果的传奇经历正说明：新技术和新材料的强力推动、互联网的迅速发展和 IT 技术的不断成熟，导致数字化产品及其设计在不同层次和意义上更加广泛地扩延，为实现更加人性化的设计提供了从内核到外层的广泛平台。未来的人性化设计将具有更加全面立体的内涵，它将超越我们过去对人与物的关系认识的局限性，向时间、空间、生理感官和心理方向发展，同时，通过虚拟现实、互联网络等多种数字化的形式而扩延。2013 年苹果公司产品见图 10-3-10。

图 10-3-10　2013 年苹果公司产品

苹果为我们讲述了以设计振兴的成功案例，给我们启示：成功来源于设计，设计来源于更深层次人性化的创新。

10.4 飞利浦公司产品设计案例

公司名称：飞利浦（Philips Electronics），荷兰皇家飞利浦电子公司。

公司简介：飞利浦公司于 1891 年成立于荷兰，是世界上最大的电子公司之一，2007 年全球员工已达 128100 人，在 28 个国家设有生产基地，在 150 个国家设有销售机构，拥有 8 万项专利。

产品及服务：公司以生产家用电器、军用和民用通信设备、医疗设备、电脑、仪表和显示系统等著称于世。它也是西欧最大的军火企业之一，产品包括人造卫星、“阿波罗”登月飞船及航天飞机等。

产品特点： 产品设计以用户为中心，强调产品使用体验与科技的完美结合。

曾获奖项： Reddot 和 If。

飞利浦公司产品种类多、产品多样化，主要生产照明、家用电器、医疗系统等。飞利浦的产品设计多样化，产品形态也十分丰富。为了体现高档，产品大都使用黑色、银色等中性色表现产品科技感，而一些日常普通电器或产品则更多地去使用浅色，产品设计中也更多地使用平缓的圆角、有倒角和弧度的几何形状、圆形等为主要造型，使得飞利浦的产品使用起来方便、舒适，更具亲和力（见图 10-4-1）。

图 10-4-1　飞利浦公司产品

新安怡食品蒸制搅拌一体机 SCF870（见图 10-4-2）在婴幼儿辅食准备产品领域，是能够让父母简单快速准备营养兼美味食物的唯一一款产品，它通过蒸煮和搅拌的巧妙结合，避免了食物在多次处理中的污染和营养流失等问题，体现了以消费者需求为中心的人性化设计理念。飞利浦的产品具有以客户和市场需求为中心的特点，体验卓越，能满足实用功能。

图 10-4-2　新安怡食品蒸制搅拌一体机 SCF870

10.5 B&O 公司产品设计案例

公司名称： B&O（Bang & Olufsen）。

公司简介： B&O 公司是 1925 年由两名年青丹麦工程师 Peer Bang 和 Svend Olufsen 创立的。如今 B&O 已经成为丹麦最具影响、最有价值的品牌之一。

产品及服务： B&O 主要提供优质的音频、视频、多媒体系列和医疗等产品。

产品特点： 高品质、高技术、高情趣；风格简约、经久耐用、简易操作；力求产品与居住环境的融合。

曾获奖项： Reddot 和 If。

图 10-5-1 所示为 B&O 总部建筑，极具现代主义风格，强烈地体现着 B&O 独特的美学风格和设计哲学。

图 10-5-1　B&O 总部建筑

图 10-5-2 所示为 B&O 公司设计的产品，其产品的形态风格特点归纳如下。

图 10-5-2　B&O 公司产品

- 质量优异、造型高雅、操作方便并始终沿袭公司一贯的硬边特色；
- 精致、简练的设计语言和方便、直观的操作方式，风格独特，与众不同；
- 以简洁、创新、梦幻称雄于世界；
- 体现一种对品质、高技术、高情趣的追求；
- 简约风格、贵族气质、经久耐用、简易操作，而且力求让产品与居住环境相融合；
- 产品多使用深色、银灰色等色彩，使产品外观显得品质感十足。

图 10-5-3 所示为 B&O 公司设计的 BeoSound 9000，它将 B&O 的设计理念推向了极致，该机可以实现 6 碟连放，轻巧、透明的机体可以平放、竖放，也可以垂直或水平地挂在墙上。人们可以一边欣赏音乐，一边观赏 CD 上多彩的平面设计及激光拾音器的精确运动，真正把机械技术升华为艺术。

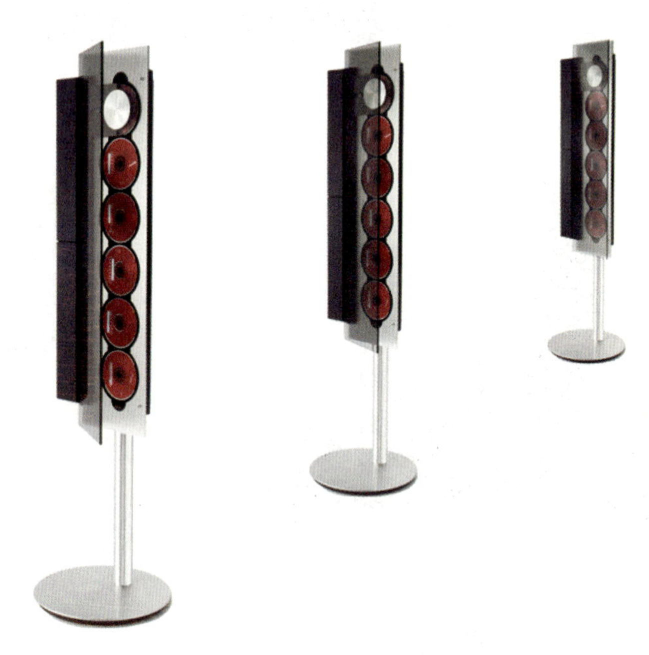

图 10-5-3　BeoSound 9000

10.6 IDEO 公司产品设计案例

公司名称：IDEO，美国大型工业设计公司。

公司简介：1991 年，大卫 - 凯利设计公司（David Kelley Design）和 ID Two 合并成为 IDEO 公司，大卫 - 凯利曾于 1982 年为苹果公司设计出第一只鼠标，而 ID Two 则于同年设计出了全世界第一台笔记本电脑。

产品及服务：致力于人机研究、商业咨询、工业设计、交互设计、品牌沟通和结构设计等；客户分布在消费类电子、通信、金融业、工程机械、媒体、食品饮料、教育、医疗器械、家具、汽车行业和各国政府部门等。

产品特点：在设计思维的引导下，IDEO 始终将用户放在首位：换位思考；实验主义；擅于合作；乐观主义。

曾获奖项：Reddot 和 If。

IDEO 为优秀的设计重新做了定义：优秀的设计创造的是美妙的体验，而不仅仅是产品。现在它正改变着企业创新的方法。IDEO 的客户包括众多知名厂商，如 BMW、NIKE、三星、微软、宝洁等。通过告诉全球的公司怎样改变它们的组织以关注顾客，IDEO 已不再仅仅是一个设计公司，事实上，它已经成为传统管理顾问公司如 McKinsey、Boston Consulting、Bain 的竞争者，管理顾问公司愿意把公司界看作一个商业研究学校。比较而言，IDEO 是从人类学家、图形设计家、工程师、心理学家的角度告诉客户顾客的世界。IDEO 设计的产品见图 10-6-1。

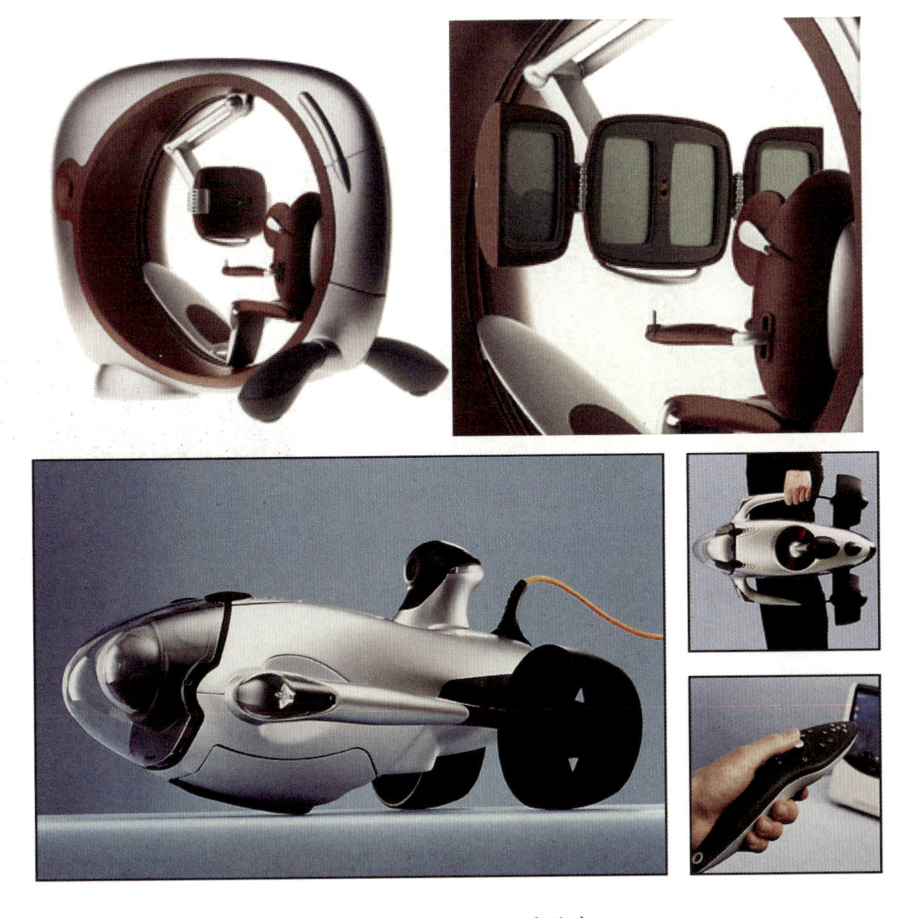

图 10-6-1　IDEO 设计的产品

10.7 Frog Design 公司产品设计案例

公司名称： Frog Design，青蛙设计公司，为大型的综合性国际设计公司。

公司简介： 艾斯林格于1969年在德国黑森州创立了自己的设计事务所，这便是青蛙设计公司的前身。

产品及服务： 青蛙设计公司的设计范围非常广泛，包括家具、交通工具、玩具、家用电器、展览、广告等；20世纪90年代以来公司在计算机及相关的电子产品领域取得了极大的成功。

产品特点： 青蛙设计以其前卫甚至未来派的风格不断创造出新颖、奇特、充满情趣的产品。

曾获奖项： Reddot和If。

在国际设计界最负盛名的欧洲设计公司当数德国的青蛙设计公司。公司的业务遍及世界各地，客户包括AEG、苹果、柯达、索尼、奥林巴斯、AT&T等跨国公司。青蛙公司的设计范围非常广泛，包括家具、交通工具、玩具、家用电器、展览、广告等（见图10-7-1），但20世纪90年代以来该公司最重要的领域是计算机及相关的电子产品，并取得了极大的成功，特别是青蛙设计的美国事务所成了美国高技术产品的最有影响的设计机构。

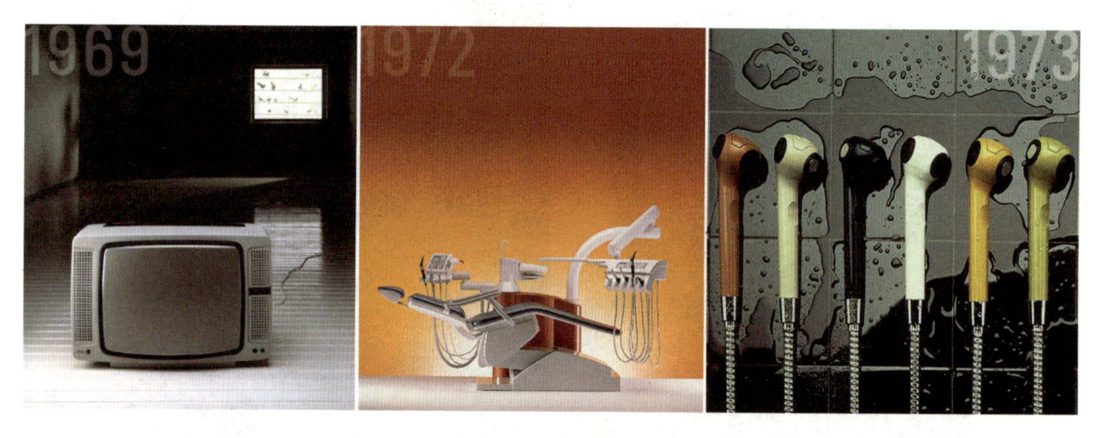

图10-7-1 青蛙设计公司设计的产品1

青蛙设计公司的创始人为艾斯林格，艾斯林格先在斯图加特大学学习电子工程，后来在另一所大学专攻工业设计。这样的经历使他能完满地将技术与美学结合在一起。1982年，艾斯林格为维佳（Wega）公司设计了一种亮绿色的电视机，命名为“青蛙”，获得了很大的成功。于是艾斯林格将“青蛙”作为自己设计公司的标志和名称。另外，青蛙（Frog）一词恰好是德意志联邦共和国（Federal Republic of Germany）的缩写，也许这并非偶然。青蛙设计也与布劳恩的设计一样，成了德国在信息时代工业设计的杰出代表。

青蛙设计公司的设计既保持了乌尔姆设计学院和布劳恩的严谨和简练，又带有后现代主义的新奇、怪诞、艳丽，甚至嬉戏般的特色，在设计界独树一帜，在很大程度上改变了20

世纪末的设计潮流（见图 10-7-2）。青蛙的设计哲学是“形式追随激情”（Form follows emotion），因此许多青蛙的设计都有一种欢快、幽默的情调，令人忍俊不禁。青蛙设计公司设计的一款儿童鼠标器，看上去就像一只真老鼠，诙谐有趣、逗人喜爱，让小孩有一种亲切感。

图 10-7-2　青蛙设计公司设计的产品 2

艾斯林格认为，20 世纪 50 年代是生产的时代，60 年代是研发的时代，70 年代是市场营销的时代，80 年代是金融的时代，而 90 年代则是综合的时代。因此，青蛙的内部和外部结构都做了调整，使原先传统上各自独立的领域的专家协同工作，目标是创造最具综合性的成果。为了实现这一目标，公司采用了综合性的战略设计过程，在开发过程的各个阶段，企业形象设计、工业设计和工程设计三个部门通力合作。这一过程包括深入了解产品的使用环境、用户需求、市场机遇，充分考虑产品各方面在生产工艺上的可行性等，以确保设计的一致性和高质量。此外，还必须将产品设计与企业形象、包装和广告宣传统一起来，使传达给用户的信息具有连续性和一致性。

青蛙的设计原则是跨越技术与美学的局限，以文化、激情和实用性来定义产品（见图 10-7-3）。艾斯林格曾说：“设计的目的是创造更为人性化的环境，我的目标一直是将主流产品作为艺术来设计。”青蛙的设计师们能应付任何前所未有的设计挑战，从事各种不同的设计项目，大大提升了工业设计职业的社会地位，向世人展示了工业设计师是产业界最基本的重要成员及当代文化生活的创造者之一。艾斯林格 1990 年荣登商业周刊的封面，这是自罗维 1947 年作为时代周刊封面人物以来设计师仅有的殊荣。

图 10-7-3　青蛙设计公司设计的产品 3

对青蛙设计公司来说，设计的成功既取决于设计师，也取决于业主。“对于我们来说，没有什么比找到合适的业主更重要的了。”相互尊重、高度的责任心及相互间的真正需求是极为重要的，而这正是青蛙设计公司与众多国际性公司合作成功的基础。

青蛙设计公司的全球化战略始于 1982 年，青蛙设计公司几乎与美国所有重要的高科技公司都有成功的合作，其设计被广为展览、出版，并成了荣获美国工业设计优秀奖最多的设计公司之一。与其他类似公司相比，青蛙设计公司有更加丰富的经验，因而能洞察和预测新的技术、新的社会动向和新的商机。正因为如此，青蛙设计公司能成功地诠释信息时代工业设计的意义。

10.8 Festo 公司产品设计案例

公司名称： Festo（Festo AG & Co. KG）。

公司简介： Festo 总部位于德国埃斯林根，创建于 1925 年，公司名称由两位创始人名字中的英文字母 FE 和 STO 合并而成。Festo 是 20 世纪 50 年代最先认识到气动对工业自动化重要性的公司之一。

产品及服务： Festo 公司不仅提供气动元件、组件和预装配的子系统，下设的工程部还能为客户定制特殊的自动化解决方案。

产品特点： 工作效率高、可靠性高、精确度高、安装便捷、安全性好。

曾获奖项： Reddot 和 If。

Festo 公司产品多为结构主导的工业零部件， Festo 公司巧妙地利用工业设计，使得原本单调乏味的工业部件充满了艺术品般的气质。产品以浅色为主体，如白色、银灰色。在一些零部件中使用蓝色等明度高的颜色，使得工业产品显得不再沉闷，让这些工业部件显得干净、整洁、别具一格（见图 10-8-1、图 10-8-2）。

Festo 产品质量优异、使用寿命长。最为重要的是，Festo 提供了最全面的气动、电动产品和相关服务，在气动及其关联领域内是第一家从真正意义上实现了产品和服务完全覆盖的公司，实现了产品与服务完全源自同一品牌。

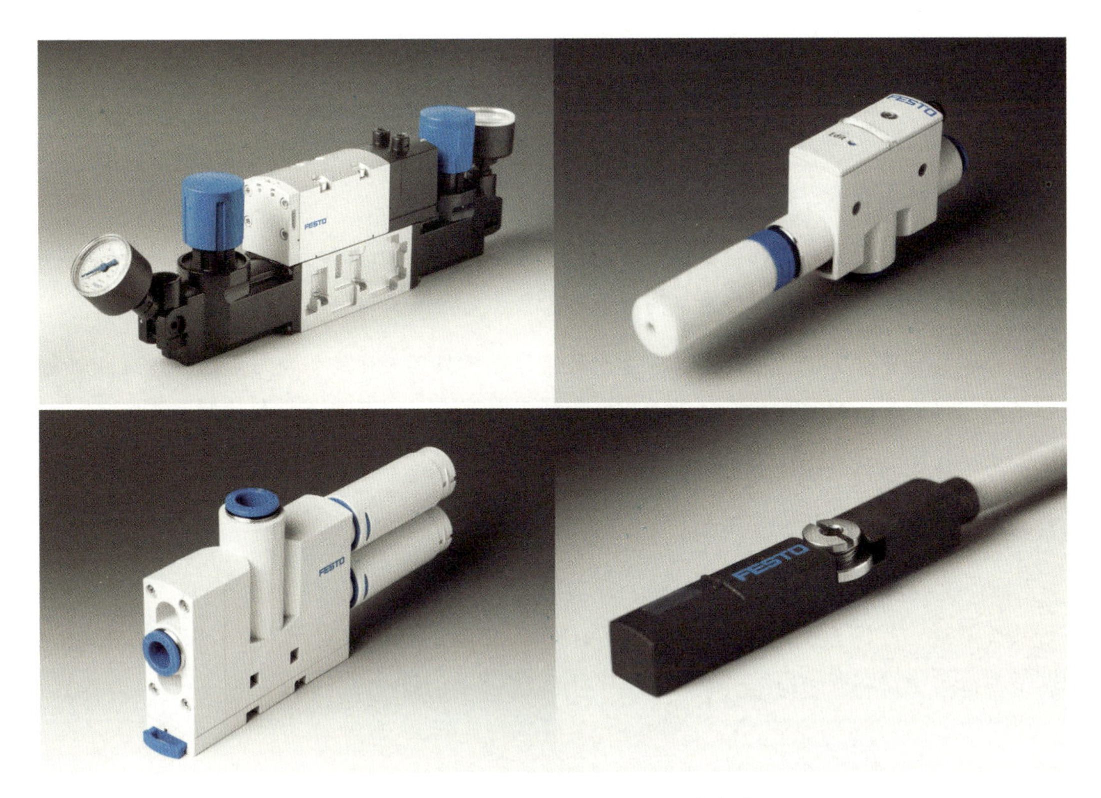

图 10-8-1　Festo 公司设计的工业零部件 1

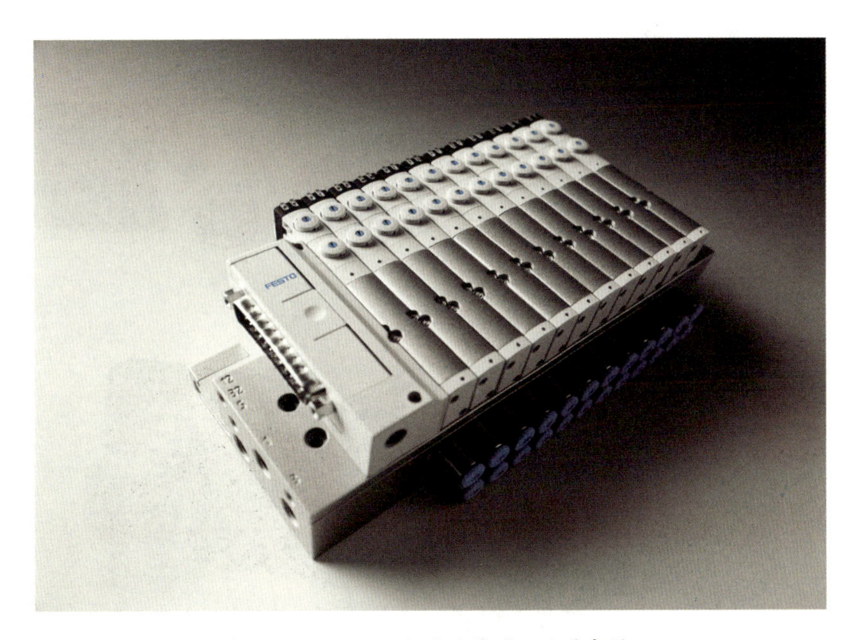

图 10-8-2　Festo 公司设计的工业零部件 2

Festo 产品在许多行业得到广泛应用，如汽车、电子、食品加工和包装、抓取装配和工业机器人、水处理、化工、橡胶、塑料、纺织、机床、冶金、建筑机械、轨道交通、造纸和印刷等行业。为了应对不同行业的特殊需求，Festo 下设汽车、食品与包装、电子、抓取系统、过程控制 5 个行业管理部门，专门应对这些行业的特殊要求。

10.9 徕卡公司产品设计案例

公司名称： Leica，徕卡，原名为恩斯特·徕茨公司。

公司简介： 徕卡相机是德国徕茨公司生产的，自 20 世纪 20~50 年代以来，徕卡一直雄踞世界照相机王国的宝座，在世界上享有极高的声誉。

产品及服务： 世界著名仪器生产商，专著于棱镜、精密仪器领域的研究与生产，传统相机与高性质的相机镜头、测量型精密仪器、GPS 的研发与生产，以及工业设备的制造与生产。

产品特点： 徕卡相机以设计别致、结构合理、加工精良、质量可靠而闻名于世。

曾获奖项： Reddot 和 If。

图 10-9-1 为徕卡公司设计的相机，外观简约，颜色深沉，镁铝合金的机身，手感很好。在现代感设计十足的相机外观上，同时能保持产品本身的复古特质，让徕卡相机的外观能够很明显地区别于日本数码相机产品。

图 10-9-1 徕卡相机

徕卡 M 设计理念与时俱进，经过试用与测试，增加了额外而实用的数字功能。徕卡 M8（见图 10-9-2）是第一台“德国制造”的经典数字相机，它很新颖迷人，让人一见如故。它不仅仅在外形上“貌似”徕卡 M 家族的一员，更在品质上延续了徕卡 M 系列传统相机的精髓并在数字摄影领域获得升华。它是当代仅有的使用灵巧快捷的取景测距系统的专业级数码相机，其特点是宁静、迅速和准确。

图 10-9-2 徕卡 M8

10.10 BOSCH 公司产品设计案例

公司名称：BOSCH，德国罗伯特·博世有限公司。

公司简介：公司总部设在德国南部，BOSCH 公司以其创新尖端的产品及系统解决方案闻名于世，是全球第一大汽车技术供应商，同时也是全球最大的包装机械生产商。

产品及服务：主要从事汽车技术、工业技术和消费品及建筑技术的产业。

产品特点：产品强调技术创新与用户使用体验的结合，细节丰富，富有质感。

曾获奖项：Reddot 和 If。

总部设在德国南部的 BOSCH 公司员工人数超过 23 万，遍布 50 多个国家。BOSCH 以其创新尖端的产品及系统解决方案闻名于世。BOSCH 集团在 2004 年第一次成为全球第一大汽车技术供应商，同时也是全球最大的包装机械生产商。BOSCH 公司产品见图 10-10-1。

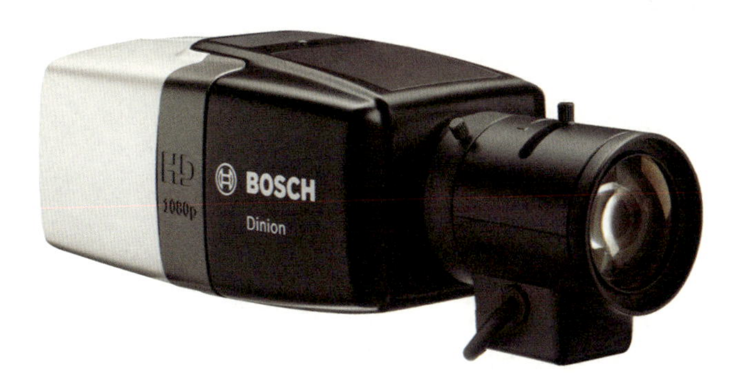

图 10-10-1 BOSCH 公司产品

图 10-10-2 所示为 BOSCH 公司的电动工具产品，在手持设计上更多地考虑人的使用习惯及舒适度，材质的搭配具有统一的系列感。把手的设计充分考虑了人机工程学。BOSCH 的产品多样化，红绿搭配的用色使得工业产品充满了动力感和现代气息。

图 10-10-2　BOSCH 公司的电动工具产品

10.11 柴田文江产品设计案例

设计师： 柴田文江（Fumie Shibata）。

简介： 1990年，柴田文江毕业于日本武藏野艺术大学，旋即加入日本东芝设计中心。1994年，她创立了“S”设计工作室。

产品及服务： 柴田文江参与了众多设计，包括Combi的“Baby Label”系列婴儿用品、OMRON的电子体温计及au公司的“糖果”（Sweets）系列手机等。

产品特点： 柴田文江的设计散发出生活质地细腻与关爱至上的理念，不但继承了日本产品一贯的简洁，同时具有女性的柔美。

曾获奖项： Reddot和If。

柴田文江离开东芝设计中心有了自己的工作室后，她的设计离生活更近了，包括康比婴儿用品系列、欧姆龙的电子体温计等。她的设计散发出生活质地细腻与关爱至上的理念。在看待设计正成为日常生活中的一部分这一趋势时，她认为设计绝不是表面化的东西，既非色彩也非造型，而是让人们的生活更好、更有品质，是让生活更加朝向本质前进的一种工具。

图10-11-1、图10-11-2所示分别为柴田文江为日本OMRON公司设计的血压计和电子体温计，采用具有不同明度的灰色材质搭配，色彩淡雅平和，非常符合医疗环境。产品整体流线设计，能够增加握感，而显示屏的大小和位置安排得恰到好处，极大地优化了使用体验。

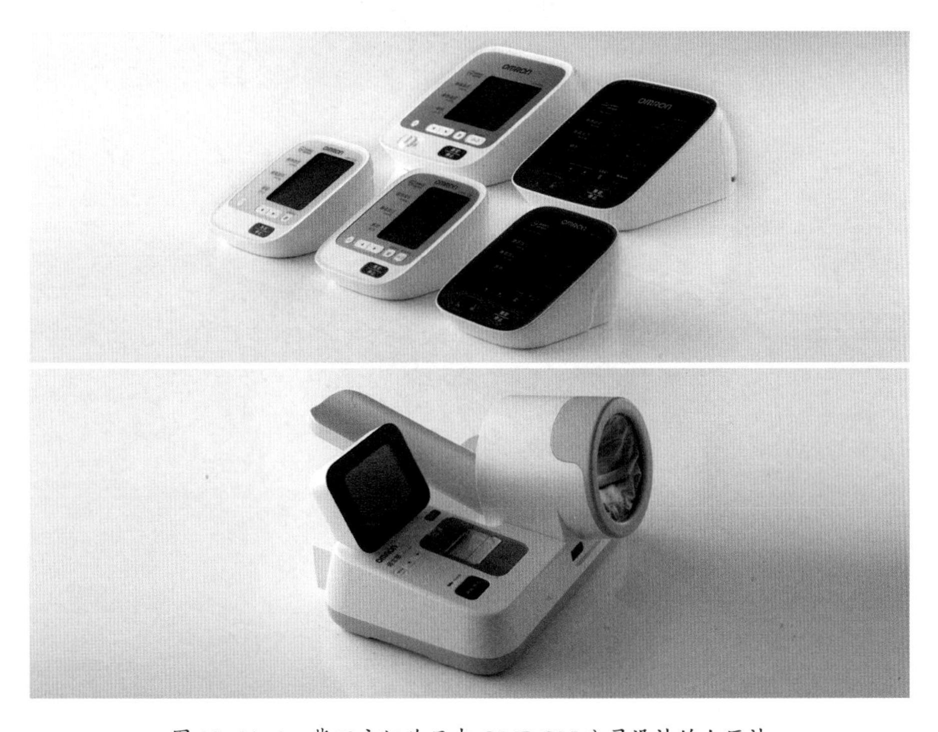

图10-11-1　柴田文江为日本OMRON公司设计的血压计

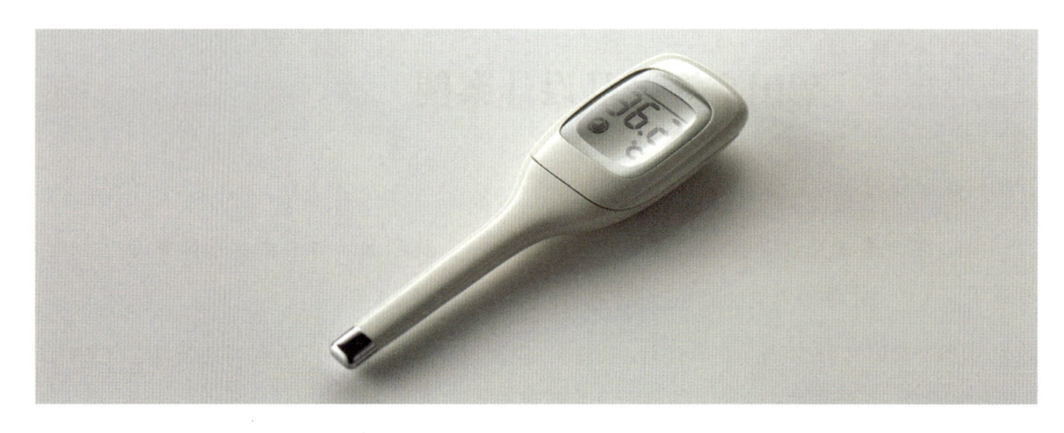

图 10-11-2　柴田文江为日本 OMRON 公司设计的电子体温计

图 10-11-3 所示为柴田文江为日本 au 公司设计的“糖果”（Sweets）系列手机，简洁柔和，非常符合日本女性的审美，小巧而精致。色彩搭配得非常协调统一，手机各按键、接口的排布也整齐划一，细节感很强。

图 10-11-3　“糖果”（Sweets）系列手机

10.12 达索公司产品设计案例

公司名称： 达索飞机制造公司。

公司简介： 1967 年马塞尔·达索飞机制造公司和布雷盖飞机制造公司两家主要军用飞机制造商合并成立达索飞机制造公司。

产品及服务： 达索飞机制造公司多年来主要以军用飞机为经营重点，如协和式超音速客机，进入 20 世纪 90 年代以后才开始在高级政府使用公务机领域发展。

产品特点： 产品主要以军用飞机为主，技术创新是公司的重点。公务机设计强调以用户体验为中心。

曾获奖项： Reddot 和 If。

图 10-12-1 所示为达索公司商务飞机的内饰设计，采用米黄色和暖灰色为主色调，给人以柔和而舒适的感觉；采用了大量的曲线，起到了软化空间、增加亲和力的作用。在内部设施中适当采用了部分木料，能够让整体环境与家庭环境相贴合。在人体工学方面，空间规划合理，能够极大地提高飞机室内的舒适度，非常符合商务飞机的设计定位。

图 10-12-1 达索公司商务飞机的内饰设计

10.13 Design Affairs 公司产品设计案例

公司名称： Design Affairs。

公司简介： Design Affairs 前身为德国西门子设计中心，2006 年独立于西门子，是全球顶级的设计公司之一，在全球共设有三个分支，约 85 人。总部在德国慕尼黑，其他分部在德国埃尔兰根和中国上海。

产品及服务：Design Affairs 公司主要负责西门子系列产品的开发与设计，包括设计战略、工业设计、界面设计、色彩与材质实验室等。

产品特点：继承了德国简洁、理性、现代的设计风格。

曾获奖项：Reddot 和 If。

图 10-13-1 所示为 Design Affairs 公司设计的童车，风格简约，无任何附加装饰，充满了理性主义的高品质感。摆脱了普通童车一贯可爱的风格，独具创新地将童车进行高品质的打造，材料选择和色彩搭配十分简洁大气，优秀的结构设计在保证童车功能性的同时又很好地兼顾了产品的安全性。其设计流程见图 10-13-2。

图 10-13-1　Design Affairs 公司设计的童车

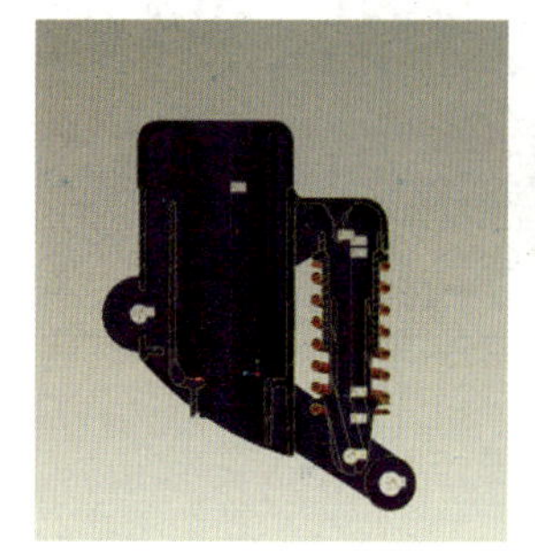

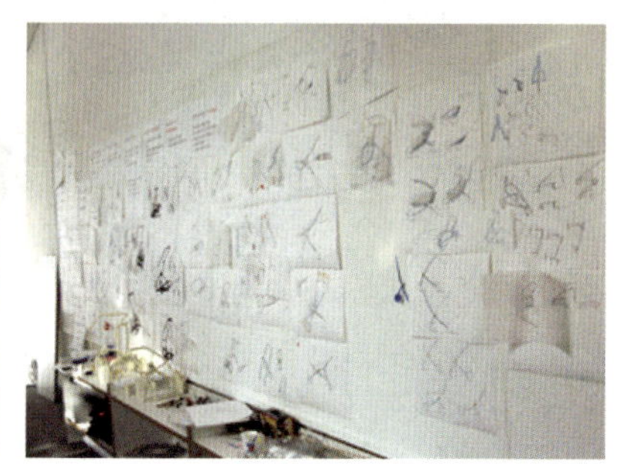

图 10-13-2　设计流程

10.14　KUKA 公司产品设计案例

公司名称：KUKA，库卡机器人有限公司。

公司简介： 库卡（KUKA）于1898年在德国奥格斯堡成立，是世界工业机器人和自动控制系统领域的顶尖制造商。

产品及服务： 库卡致力于工业机器人和自动控制系统的研究、开发与生产。

产品特点： 鲜明的形象识别系统，多数产品使用橙黄色与黑色；科技感十足，拥有顶尖的技术与品质。

曾获奖项： Reddot和If。

橙黄色为KUKA公司的产品标准色，有鲜明的形象识别功能。多数产品使用橙黄色与黑色，通过鲜明且一致的产品色彩，体现产品系列感；产品科技感十足，拥有顶尖的技术与品质，在生产环节能够很大程度地提高效率。KUKA公司设计的机器手臂见图10-14-1，其生产流水线见图10-14-2。

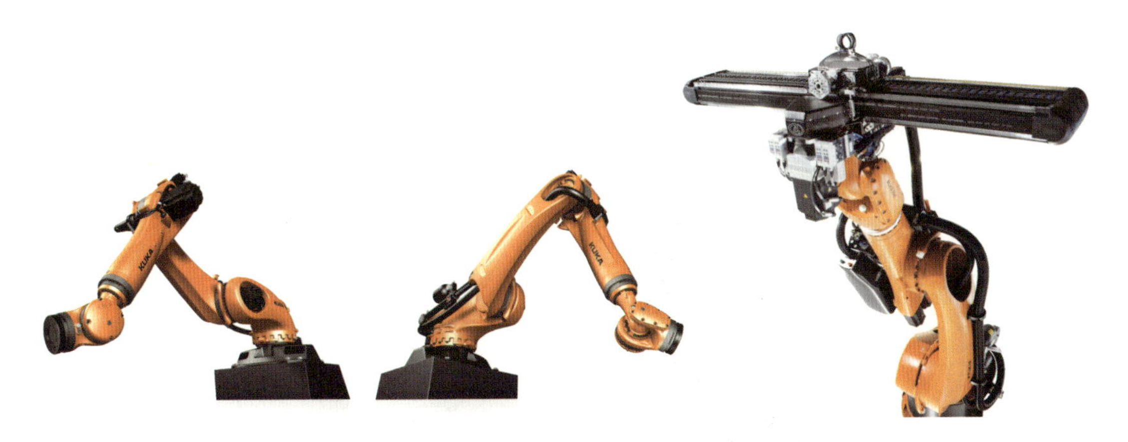

图10-14-1　KUKA公司设计的机械手臂

图10-14-2　KUKA公司设计的机器手臂生产流水线

10.15 无印良品和深泽直人 ±0 品牌产品设计案例

日本风格：无印良品、深泽直人、±0 品牌。

简介：无印良品于 1983 年在日本东京的青山开设了第一家店面。1990 年成为独立的公司“株式会社良品计划”，并在海外使用“Muji”为品牌名称设立据点。

产品及服务：服装、生活物品、家具、食品。

产品特点：最大特点之一是极简，素有“杂货中的名牌”之称。

曾获奖项：东京 ADC 赏。

日本的设计正如他们的茶道和樱花一样，具有浓厚的东方情怀——在简约含蓄之间透露出东方独有的宁静和高雅（见图 10-15-1、图 10-15-2）。在他们的设计中你还能找到一种属于亚洲人的宁静优雅。他们喜欢放弃一切矫饰，只保留事物最基本的元素，而这种单纯的美感却更加吸引人。

图 10-15-1　无印良品的手表

图 10-15-2　无印良品的桌椅

无印良品（Muji）很能体现日本本土风格。“无印”在日文中是没有花纹的意思，Muji“无印”意为“No Brand”（无品牌），然而靠着它的无华简朴及还原商品本质的手法，追求低调的无印良品反而成为闻名世界的“No Brand”（无品牌），做到了古人所说的“大音希声，大象无形”的境界。而“良品”两个看似平凡的文字却蕴藏了历代工匠的心力、对完美品质的无限追求及精雕细琢的用心。

后来这一理念被运用到现代小批量生产的高品质产品中。理念也演化为删繁就简、去除浮夸、直逼本质。无印良品去除一切不必要的加工和颜色，充分表达原始材质的本质美感。其产品以极简主义的色彩、干净利落的形态与个性化风格为标准，单一色系、工整线条中包含趣味十足的创意，简约中注重精神文化层面的提高，使其逐渐成为一种生活方式的倡导，而超脱了产品自身的局限，成为一种生活方式的代名词。无印良品已经被认为是日本当代最有代表性的“禅的美学”。

日本从来不乏优秀的设计师，深泽直人（Naoto Fukasawa）是日本一位优秀设计师，曾经担任无印良品（Muji） 的设计顾问。2003 年，深泽直人在家用电器和日用杂物设计领域里，创立了一个新产品品牌“±0”。“±0”在工程图里是指公差是“0”，和你想象的东西一模一样，取这个名字主要表达产品的精工制作。±0 的产品延续了无印良品（Muji）“less is more”的现代精神，同时传承了东方宁静优雅的禅宗精神。他的作品主张用最少的元素来展现产品的全部功能。这些作品大部分由黑、白两色组成，简洁至极，也十分美丽。吸引人的不仅仅是他的设计，还有作品背后所代表的态度。你可以将这种态度理解为禅，回归朴质生活，自然地呼吸，简单地生活。±0 品牌的深泽直人设计的手表、钟表、床见图 10-15-3~图 10-15-5。

图 10-15-3　±0 品牌的深泽直人设计的手表

图 10-15-4　±0 品牌的深泽直人设计的钟表

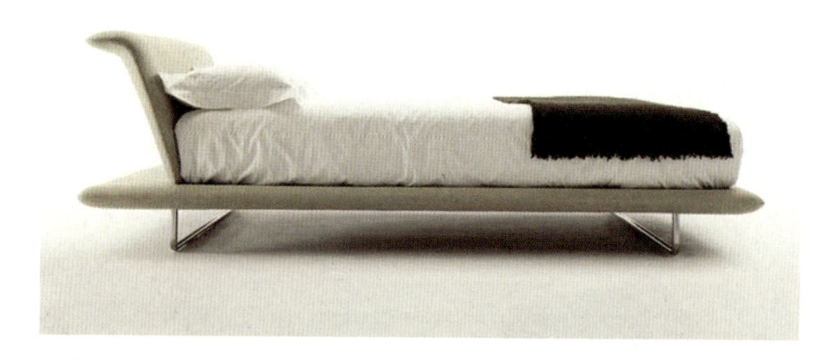

图 10-15-5　±0 品牌的深泽直人设计的床

图 10-15-6 所示为 ±0 品牌的深泽直人设计的电扇和电视机，在简约含蓄之间透露出东方独有的宁静和高雅。

图 10-15-6　±0 品牌的深泽直人设计的电扇和电视机

10.16 ZIBA 公司产品设计案例

公司名称： ZIBA。

公司简介： ZIBA 成立于 1984 年，总部位于美国俄勒冈州的港口城市波特兰，目前在加州的圣地亚哥、德国慕尼黑、日本东京和中国台北设有分部。

产品及服务： ZIBA 是美国三大设计公司之一，该设计公司提供全面的设计服务，包括电子产品、家用产品、运动产品等。

产品特点： 产品设计将功能与美学结合，形式和色彩简洁大方，高度符合人机工程学的要求。

曾获奖项： Reddot、If、IDEA 和 DIA。

ZIBA 为百得公司开发的厨房料理机系列产品见图 10-16-1，设计采用简单的塑料材质，营造出一种统一形象，既有效地控制了制造的成本，又表现出高超的外观美学。最难得的是，ZIBA 将很普通的塑料材质塑造得很有雕塑感，既能满足产品的功能要求，同时又非常具有雕塑的美感。

图 10-16-1　ZIBA 为百得公司开发的厨房料理机系列产品

10.17 悍马公司产品设计案例

公司名称： 悍马（美国 AMG 公司）。

公司简介： 1980 年 AMG 承接美国军方另一宗军车设计任务，设计出 Hmmwv 越野军用汽车。1992 年，借助于在海湾战争中的优异表现，第一辆民用悍马面世，即悍马越野车。

产品及服务： 主要生产军用越野车，同时也致力于民用越野车的制造。

产品特点： 造型丰富、体块清晰，充满力量感；性能优越，被业内外人士誉为“越野车王”；即使是民用悍马也极具军用品气质。

曾获奖项： Reddot 和 If。

图 10-17-1 中的悍马越野车造型丰富，体块转折清晰，充满了男性肌肉感和力量感，彰显产品的军用品气质。悍马部件上的通气软管都汇集到一条来自空气滤清器的中央软管，它们能充分吸收在恶劣路况下满载行驶时遭受的应力并能延长发动机部件的寿命，使车子即使在最恶劣的状况下也能安全运转。

图 10-17-1　悍马越野车

10.18 DMG 公司产品设计案例

公司名称： DMG（德马吉）。

公司简介： 1994 年，德克尔、马豪、吉特迈三家德国最大的机床工业公司在新的市场形势下联起手来，成立了德马吉集团公司。

产品及服务： DMG 公司主要从事机床的研发和生产，包括数控机床、车床、磨床等。核心产品是车床、加工中心和激光加工机三大类机床。

产品特点： 高精度、高效率、高科技、产品成系列化。

曾获奖项： Reddot 和 If。

DMG 公司一直是机床行业中的佼佼者，DMG 设计的机床见图 10-18-1，产品采用白色钣金件与黑色塑料件搭配，干净明快，统一的色彩搭配使得 DMG 的产品成系列化，同时产品局部使用橙色等鲜艳的颜色加以点缀，极为生动；在门板的设计上采用塑料与金属钣金结合，既保证了工作强度，又具有艺术品般的美感。

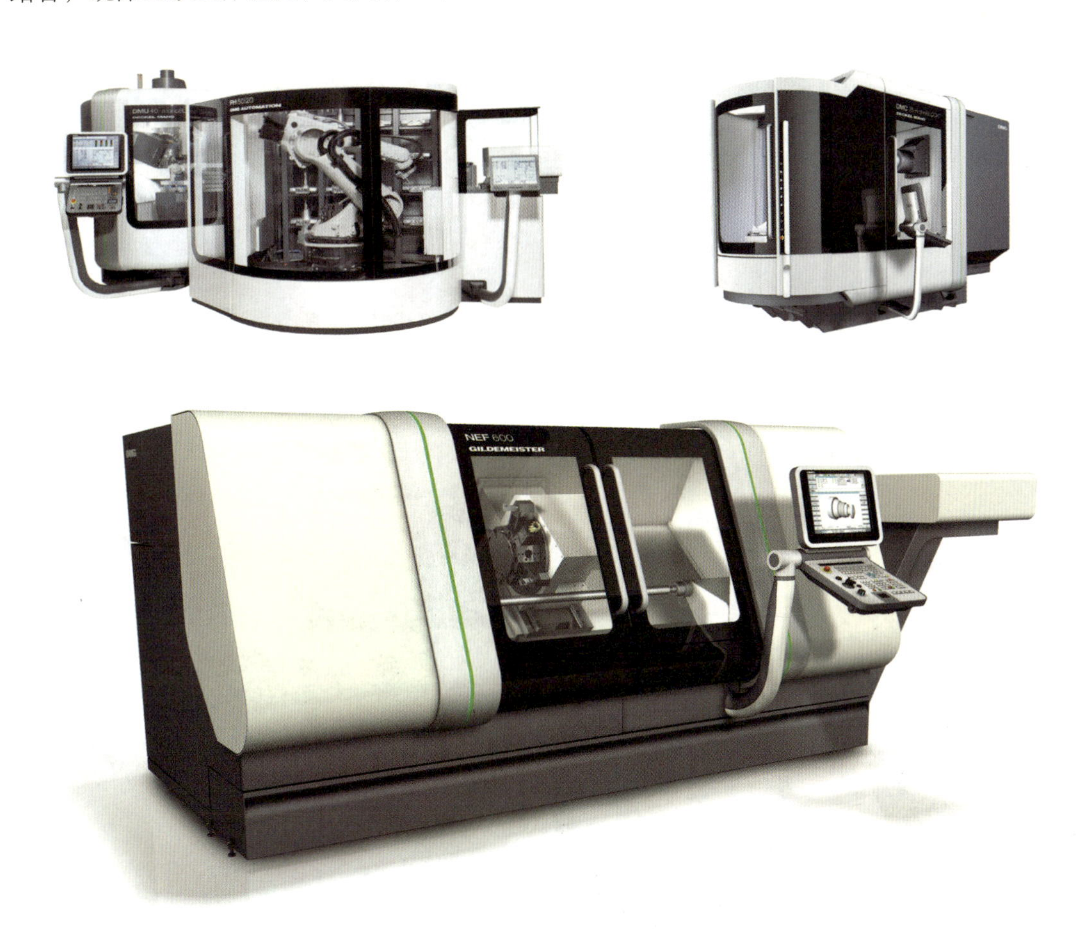

图 10-18-1　DMG 设计的机床

10.19 GIANT 自行车产品设计案例

公司名称： 台湾巨大机械工业股份有限公司。

公司简介： GIANT（捷安特）是由台湾自行车厂商“巨大机械工业股份有限公司”所创立的品牌。台湾巨大机械工业股份有限公司是全球自行车生产及行销最具规模的公司之一。

产品及服务： 通过先进的生产技术、管理模式及行销全球的成功理念，精心打造每一辆自行车，并使得每一个消费者都能够感受到其人性化的服务。

产品特点： 品质是捷安特产品的根本，以科技、时尚、人本为主题进行自行车的制造。

曾获奖项： Reddot 和 If。

捷安特自行车设计优雅、耐用，在业界具有较高声誉。图 10-19-1 所示自行车有着灵巧的外观、丰富的细节设计，白色的主色调加上银色及橙红色的点缀，整体层次感极为丰富；做工上选用优质钢材，焊缝细腻，给人高品质感；产品将科技、时尚、人本结合，维系自然与人的交流。

图 10-19-1 捷安特自行车

10.20 双立人公司产品设计案例

公司名称： 双立人（Zwilling）。

公司简介： 1731 年 6 月 13 日，彼得·亨克斯以双子座作为最初的构想，在德国美丽的莱茵河畔小镇索林根创立了双立人品牌。同时也揭开了这一人类现存最古老商标之一不老传说的序幕。

产品及服务： 双立人拥有超过 2000 种的不锈钢刀剪餐具、锅具、厨房炊具和个人护理用品，开创了摩登厨房理念，让烹饪成为一种享受，带给人们看得见的完美品质和生活情趣。

产品特点： 钢材配方独特，制刀工艺先进，产品品质完美，设计严谨，做工精湛。

曾获奖项： Reddot 和 If。

图 10-20-1、图 10-20-2 所示为双立人 1731 系列刀具，采用传统木质材料与现代金属材质结合，优美的木纹、优良的钢材、优秀的工业设计，表达出日耳曼民族特有的严谨与精湛。现代设计与历史传统的完美结合，让人们在烹饪时使用道具也成为一种享受，带给人们看得见的完美品质和生活情趣。

图 10-20-1 双立人 1731 系列刀具 1

图 10-20-2　双立人 1731 系列刀具 2

10.21 中国三一集团产品设计案例

公司名称： 中国三一集团（三一集团有限公司）。

公司简介： 三一集团有限公司始创于 1989 年，是目前中国最大、全球第五的工程机械制造商。其主业是以“工程”为主题的机械装备制造业，目前已全面进入工程机械制造领域。

产品及服务： 三一集团主导产品是混凝土机械、筑路机械、挖掘机械、起重机械、港口机械、风电设备等全系列产品。其中混凝土机械、桩工机械、履带起重机械为国内第一品牌。

产品特点： 产品高效率、高可靠性；外观设计美观；布置设计合理，操作方便、快速、准确。

曾获奖项： Reddot。

三一集团精心设计制造的双钢轮振动压路机（见图 10-21-1），是一款高效率、高可靠的优质产品。创新的车身结构，使操作过程更加高效、灵活、安全，同时也改善了操作环境。这款双钢轮振动压路机荣获了 2011 年红点设计奖。操作灵活：驾驶室轻松翻转，整个发动机一目了然，维修方便；视野开阔：操作前后视野达到 1m × 0.5m，盲区极小；外形创新：车身形式极具雕塑感，结构分明而又紧凑有力；人性化的考虑：豪华驾驶室内三向调节座椅、超大液晶显示屏、工具盒、冷暖空调等一应俱全。

图 10-21-1　三一集团设计的双钢轮振动压路机

三一集团设计的起重机见图 10-21-2。个性化流线造型驾驶室配合独特的动力移动专利技术，不仅能方便底盘维护，更能实现最佳操作视野。采用多项高端技术，如整机降噪、防火技术，CAN 总线通信技术，臂架、车架防吊具碰撞技术，移动式配重专利技术等，再加上独创的机械与电子双重防倾翻保护机构，使整机具有最佳的稳定性与安全可靠性。

三一重工干混砂浆搅拌站是专门针对建筑领域新兴建筑材料——干混砂浆设计的一整套装备，包括干混砂浆搅拌站、背罐车、移动筒仓、液压活塞砂浆泵等全套产品（见图 10-21-3~图 10-21-5）。高性能的搅拌系统：拥有国际领先的搅拌技术，对流速度较传统装备提高一倍，搅拌效率极高；精益求精的计量系统：采用国际一流的传感器、称量仪器，响应迅速，性能稳定；节能烘干系统：采用沸腾炉技术、托轮摩擦传动技术及三回程干燥滚筒技术等使燃烧率大大提高；性能美观兼顾的装备系统：背罐车、移动筒仓、液压活塞砂浆泵等全套装备，整机外观采用流线型设计，简洁、轻巧而不失优雅，打破传统机械产品笨重呆板的形象。

图 10-21-2　三一集团设计的起重机

图 10-21-3　三一集团设计的搅拌站

图 10-21-4　三一集团设计的背罐车

图 10-21-5　三一集团设计的 IDE 液压活塞砂浆泵

10.22　VOLVO 公司产品设计案例

公司名称： VOLVO（沃尔沃）。

公司简介： 沃尔沃公司于 1927 年在瑞典哥德堡创建，是全球领先的商业运输及建筑设备制造商；其建筑设备依靠强有力的经销商网络和最近推出的租赁服务，在全球提供专业产品和服务。

产品及服务： 沃尔沃公司提供金融和保险服务、租赁、IT 解决方案和后勤保障等服务。沃尔沃还提供各种形式的服务协议，以及零配件和备件来支持其核心产品。

产品特点： 黄、黑两色的标准色，使产品风格极为统一，标示度高；造型模块划分明确，结构紧凑有力；操作舒适度与驾驶感也是其亮点。

曾获奖项： Reddot 和 If。

A40F 铰卡（见图 10-22-1）是沃尔沃公司为巩固其自卸式卡车市场的领先地位而推出的一款车型，可大大提高装载卸货效率，荣获 2012 年红点至尊奖。同时，它对多种环境具有良好的适应性，操作体验大为改善，产品有着优越的性能；具有关怀型的驾驶室和顶级的外形。车身结构的适当暴露，直观地传达产品强劲有力、极具柔韧性能，其不仅越野性能良好，外形上也借鉴越野车元素，运动感强烈。

图 10-22-1　沃尔沃公司设计的 A40F 铰卡

EC350DL 挖掘机（见图 10-22-2）针对采石场、道路施工、场地平整等多种施工场合，以优越的适应性、强劲的动力及零件回收环保性著称。产品有着优越的性能，节约燃油；优良的外形，整体造型线条硬朗，结构模块分明匀称，大平台的设计不仅使操作更加平稳，也达到视觉上的稳定；关怀型的操作室，视野开阔且内部操作台分布合理。

图 10-22-2　沃尔沃公司设计的 EC350DL 挖掘机

沃尔沃公司部分产品见图 10-22-3。

图 10-22-3　沃尔沃公司部分产品

10.23 AutoGyro GmbH 公司产品设计案例

公司名称： AutoGyro GmbH，德国旋翼机股份有限公司。

公司简介： AutoGyro 公司创建于 2003 年，在不到十年的时间内发展成了世界上最大的自转旋翼机的生产厂家，如今已在 40 多个国家拥有销售伙伴。

产品及服务： 旋翼机的生产和研发。

产品特点： 产品灵巧生动，极具动感；流线型设计，造型时尚；尖端的科技，优良的品质。

曾获奖项： Reddot。

AutoGyro GmbH 公司设计的飞机（见图 10-23-1）采用了高度集成的复合材料制成的硬壳式结构，确保最佳的功率和重量比，因此具有高水平的安全性和效率。大挡风玻璃提供了良好的视野，可调座椅和踏板符合人体工程学。圆润的外观打破了其原有的冷冰冰的感觉，给人轻巧灵动之感。内部和外部和谐地工作，旋翼机作为一个功能单位具有鲜明的外观。

图 10-23-1 AutoGyro GmbH 公司设计的飞机

10.24 菲特公司产品设计案例

公司名称： 菲特。

公司简介： 德国菲特公司成立于 1908 年，是全球高速压片机领域的领导者。在全世界制药机械行业中没有人不知道德国菲特高速压片机。

产品及服务： 菲特公司以生产压片机著名，特别是专注于制药、化工等行业的高性能机器。

产品特点： 菲特致力于提高产品的科技性；产品的生产力、灵活性和可用性极高。

曾获奖项： Reddot。

菲特公司在压片机的生产率、灵活性和可用性方面进行了优化，菲特压片机可以帮助用户用低廉的费用生产高品质的产品。压片机的结构设计不仅可以确保良好的可达性，还便于拆装和清洗。新的界面显示，关键参数一目了然，直观的操作确保了高效率和安全性。圆润的边角和符合人体工程学的设计使得其功能质量高，具有更加良好的用户体验（见图 10-24-1）。

图 10-24-1 菲特公司设计的压片机

10.25 Husqvarna 公司产品设计案例

公司名称： Husqvarna（富世华）。

公司简介： 富世华集团成立于1689年，总部设在瑞典，是世界领先的户外电源产品制造商，同时也是全球建筑和石材行业的金刚石工具和切割设备的引领者。

产品及服务： 公司业务涵盖林业、园林、园艺和建筑产品四大部门，能够满足高要求客户从专业机械到专业产品的任何需求。

产品特点： 黑色为富世华产品的主色调，黄色的点缀使其风格独特；流线型的造型却又体块感极强也是其特色。

曾获奖项： Reddot。

M125-97FH骑士割草机（见图10-25-1）有着空气动力学形状的尾巴、很短的前翼子板和侧进气格栅。弧形机身有流线型的感觉，同时体块感很强，产品显得尤为大气；黑色区域都有黄色的点缀，使其公司的产品风格统一且极具特色。

图10-25-1　富世华公司设计的M125-97FH骑士割草机

反侵权盗版声明